多功能金属硼酸盐合成与应用

杨 军　郭俐聪　郑学家　编著

DUOGONGNENG

JINSHUPENGSUANYAN

HECHENG YU YINGYONG

化学工业出版社
· 北京 ·

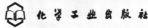

U0321109

本书在简要介绍金属硼酸盐的发现和研究简史、硼酸盐消费结构、硼酸盐化学组成和结构等的基础上，详细阐述了钠铵硼酸盐、偏硼酸盐、过硼酸盐、硼酸铝等多种硼酸盐的理化性质、合成工艺与用途，同时扩展了硼酸、硼酸盐抗粉化剂、氟硼酸盐、硼酸盐晶须、金属硼氢化盐及硼酸盐的应用领域等相关内容。

本书适合无机化工等行业从事硼酸盐相关生产、研究及应用的人员以及相关专业师生参考。

图书在版编目（CIP）数据

多功能金属硼酸盐合成与应用/杨军，郭俐聪，郑学家编著 . —北京：化学工业出版社，2017.11
ISBN 978-7-122-30686-9

Ⅰ.①多⋯　Ⅱ.①杨⋯②郭⋯③郑⋯　Ⅲ.①金属-硼酸盐-合成　Ⅳ.①O613.8

中国版本图书馆 CIP 数据核字（2017）第 237996 号

责任编辑：张　艳　刘　军　　　　　　　　　　装帧设计：王晓宇
责任校对：宋　夏

出版发行：化学工业出版社（北京市东城区青年湖南街 13 号　邮政编码 100011）
印　　装：中煤（北京印务有限公司）
710mm×1000mm　1/16　印张 8½　字数 132 千字　2018 年 1 月北京第 1 版第 1 次印刷

购书咨询：010-64518888（传真：010-64519686）　售后服务：010-64518899
网　　址：http://www.cip.com.cn
凡购买本书，如有缺损质量问题，本社销售中心负责调换。

定　　价：60.00 元

前言
FOREWORD

金属硼酸盐是硼化合物一个大的系列，它在工农业生产、高新技术领域以及人民生活中占据着很重要的位置。通常说，硼（B）是"工业味精"。俄、美两个主要产硼大国在 20 世纪五六十年代就有了《硼酸盐化学Ⅰ》（The Chemitry Borates Part Ⅰ）以及《硼酸盐的合成及其研究》（成思危译）。在我国，从硼工业建业的 1956 年起到 20 世纪 80 年代中期出版过《硼化物的制造与应用》一书，到 21 世纪出版过几本硼化合物的专著，但未出版过专门的金属硼酸盐的相关专著。为此，特组织了国内硼行业领域的科技人员、生产第一线人员编写了本书。

本书包括多种金属元素硼酸盐，如钠铵硼酸盐、氟硼酸盐、硼酸盐晶须、硼氢化盐等几个系列，从品种数量上来看约有 40 余种。笔者希望这本书的出版能为硼行业以及应用硼化合物的行业和部门提供一些信息和资料，如果对行业的发展能起到一些作用，笔者将备受鼓舞。

本书主要有以下特色。

（1）详尽介绍相关合成工艺的基础上，进一步探讨工艺强化之路。

（2）在应用方面，尽可能详细介绍它们涉及的领域。

（3）考虑到书的篇幅，本书不单独介绍具体单位的产业化状况。当然对国内外主要的创新情况，还是进行了相关介绍。

（4）将产品规格及物料消耗等在附录中归纳介绍。

本书主要由杨军、郭俐聪、郑学家编著，参编人员有：于金芝、刘彬、孔庆山等，另外，本书特请原中国无机盐信息总站硼化物协作组理事长、原硼专家组副组长张吉昌教授级高级工程师担任本书审稿人。在此对所有在本书编写中给予无私帮助的相关人员表示衷心的感谢！

尽管笔者已尽所能完善金属硼酸盐相关内容，但书中仍难免有疏漏和不足之处，请硼行业同仁和广大读者批评指正！

编著者
2017 年 8 月

目 录
CONTENTS

第一章
概述

第一节　金属硼酸盐发现及研究简史

在我国古代，用天然硼砂制成药物"冰硼散"；公元前，巴比伦人从远东输入用硼砂焊接金子技术；公元 300 年，埃及人制造硼釉及硬玻璃；公元 800 年，冶金、化学领域应用硼砂已有文字记载；公元 900 年，杰宾印汗称硼砂为 baurach；1556 年，有人把硼砂作为助熔剂；1563 年，中国西藏已有正式手工作坊加工天然硼砂；1741 年，Port J H 揭示硼砂在酒精灯上燃烧呈绿色火焰；1747 年，Baron 揭示硼砂是一个碱性化合物，是盐。

很多硼砂矿都是经过沧海桑田变迁由湖底迁移到海拔之上的（例如安第斯和喜马拉雅），古代文明传说中古埃及人用硼砂来保存木乃伊，古罗马人用硼砂来生产玻璃，但按照最早的文字记载（包括圣经），硼砂可能指的其他硼矿物。8 世纪被证实的最早开始使用硼砂的阿拉伯人，他们用硼砂作为溶剂来冶炼金银。"Borax"一词来自阿拉伯语的"Bumq"或"Baurach"，意思是"发光，闪亮"。公元 10 世纪硼砂首次被中国辽代（916 年—1125 年）的工匠们用于生产陶瓷釉料。13 世纪远东的粗硼砂沿着马可波罗开辟的丝绸之路源源不断地出口到欧洲。"Tincal"一词源自梵语"Tincana"，意思是硼砂。粗硼砂的产地（西藏）和硼砂加工技术被威尼斯的商人封锁了近 400 年。

硼酸的盐类统称为硼酸盐，其中包括正硼酸盐、偏硼酸盐以及许多种多硼酸的盐类。

硼砂是四硼酸钠（焦硼酸钠）$Na_2B_4O_7$，在 56℃以上时合成 $Na_2B_4O_7 \cdot 5H_2O$ 并从水溶液中结晶出来，在 56℃以下时则成 $Na_2B_4O_7 \cdot 10H_2O$。后者可生成巨大的单斜棱形晶体，在空气中会风化（密度 $1.70g/cm^3$）。

而硼酸盐晶须早在 4 世纪前便被人认知，中国科学院青海盐湖研究所高士扬院士领导的研究团队在 1992 年便开始了相关研究。

本书中还包括有氟硼酸盐，它是一个或几个氧被氟（F）所取代，严格地讲氟硼酸离子是指 BF_4 离子，是由四氟硼酸所衍生的。这种氟硼酸盐在 100 多年前便有人研究了。而金属硼氢化盐是以硼氢化物 BH_4 为阴离子的盐，在 20 世纪 40 年代以来以制造硼烷高能材料而被发现。

第二节　硼酸盐消费结构

一、世界硼酸盐消费结构

在世界硼酸盐消费中，约有 41％用在玻璃制造行业，包括生产硼硅酸玻璃、绝缘玻璃纤维、纺织玻璃纤维或 E 型玻璃纤维（低碱电绝缘玻璃纤维）等。E 型玻纤主要的应用市场是汽车和计算机领域。世界硼酸盐消费结构见表 1-1。

表 1-1　世界硼酸盐消费结构

消费领域	消费比例/％	消费领域	消费比例/％
阻燃剂和木材加工	8	绝缘纤维、玻璃纤维、耐热玻璃	51
化学肥料	6	陶瓷材料（搪瓷珐琅）烧结料、釉料、瓷砖	16
洗涤剂、肥皂和护理	15	其他	4

二、美国硼酸盐消费结构

美国硼酸盐消费结构见表 1-2。

表 1-2　美国硼酸盐消费结构

消费领域	消费比例/％	消费领域	消费比例/％
阻燃剂	3	纺织用玻纤	20
陶瓷材料	4	肥皂及洗涤剂	6
农业领域	4	其他	16
绝缘玻璃纤维	47		

三、中国硼酸盐消费结构

1. 硼砂消费结构

中国硼砂消费结构见表 1-3。

表 1-3　中国硼砂消费结构

用途	比例/%	用途	比例/%	用途	比例/%	用途	比例/%	用途	比例/%
化工	19.40	轻工	39.02	医药	18.92	建材	11.43	其他	11.23
硼酸	17.5	日用玻璃	7.92	盐水瓶	7.27	建筑搪瓷	1.21		
过硼酸钠	0.60	日用搪瓷	17.55	安瓿瓶	6.12	釉料	3.69		
偏硼酸钠	1.23	灯泡	4.19	药用硼砂	1.02	釉面砖	5.17		
其他	0.07	保温瓶	2.3	其他	4.51	其他	1.36		
		玻璃仪器	6.54						
		其他	0.52						

2. 硼酸消费结构

中国硼酸消费结构见表 1-4。

表 1-4　中国硼酸消费结构

用途	比例/%	用途	比例/%	用途	比例/%	用途	比例/%	用途	比例/%
化工	27.43	轻工	35.30	医药	10.66	建材	5.64	其他	20.97
硼化物	14.81	玻璃仪器	11.08	药用玻璃	3.42	釉料	0.48		
其他	12.62	玻璃制品	9.14	药用硼酸	5.77	釉面砖	5.16		
		日用搪瓷	1.67	其他	1.47				
		其他	13.41						

第二章
硼酸盐的化学组成和结构
Chapter 02

　　沈阳化工大学毕颖指出：目前所知的硼化合物有几百种，包括天然和人工合成的。在天然矿物中硼化合物主要是以无机硼酸或硼酸盐形式存在，并常常伴随有结晶水（H_2O）。硼化合物具有阻燃、耐热、高硬、高强、耐磨以及质轻等理化性质，人们对硼酸盐化学的系统研究始于 20 世纪初，经过科学家的不懈努力，硼酸盐研究已经取得很大的进展。$KB_5O_8 \cdot 4H_2O$ 是人们最早发现的真空紫外倍频物质，通过相位匹配，可以获得波长为 216.8nm 的紫外光，是一种性能良好的双折射晶体，在光纤偏振器制备中有很好的应用，$2CaO \cdot 3B_2O_3 \cdot H_2O$ 被广泛应用在玻璃、陶瓷、搪瓷等行业，尤其是在无碱玻璃纤维中是一种无氟、低镁、铁甚微的化工原料，也是一种潜在的非线性光学材料，$2ZnO \cdot 3B_2O_3 \cdot 3.5H_2O$ 是一种性能良好的阻燃材料，亦可用作陶瓷的强助溶剂。硼酸盐化合物中常见的阳离子约有 20 多种，主要有碱金属、碱土金属和过渡金属等，常见的有 Li^+、Na^+、K^+、Cs^+、Be^{2+}、Mg^{2+}、Ca^{2+}、Sr^{2+}、Ba^{2+}、Ti^{4+}、Ta^{5+}、Mn^{6+}、Fe^{3+}、Ni^{3+}、Cu^{2+}、Sn^{4+}、Al^{3+}、Si^{4+} 等，其中以 Mg^{2+}、Ca^{2+}、Li^+、Na^+、Cs^+、Sr^{2+}、Mn^{6+}、Fe^{3+} 最为常见。在阴离子方面，是硼阴离子基团 $[BO_3]^{3-}$ 或 $[BO_4]^{5-}$，同硼阴离子基团相连的常有 $[PO_4]^{3-}$、$[SiO_4]^{4-}$、$[OH]^-$、F^-、O^{2-}、Cl^- 等。

一、 硼酸盐物质结构研究

　　多年的硼酸盐物质结构研究形成了一门独特的硼酸盐晶体结构化学，很多科研工作者对其结构特征进行研究，在一定程度上简化了对硼酸盐复杂物质结构的认识和理解，丰富了硼酸盐结构化学。

　　（1）硼酸盐的基本结构单元　　由于硼原子的电子构型为 $1s^2 2s^2 2p^1$，价电子数少于价轨道数，是典型的缺电子原子。在与氧原子配位时，硼原子既

多功能金属硼酸盐合成与应用

可采取 sp^2 杂化方式与三个氧原子配位形成平面三角形结构，也可采取 sp^3 杂化方式与四个氧原子配位形成四面体结构，这两个初级单元结构基团通过共用氧原子，可以形成孤立环状、簇状、链状、网状、层状及三维骨架结构等。$[BO_3]^{3-}$ 和 $[BO_4]^{5-}$ 基团的结构和构型如表 2-1 所示。

表 2-1　$[BO_3]^{3-}$ 和 $[BO_4]^{5-}$ 基团的结构

B 原子的杂化轨道	结构	构型	B—O 距离范围/pm	B—O 距离平均值/pm	O—B—O 键角平均值/℃
sp^2			128～144	136.6	120.0
sp^3			143～155	147.5	107.4

由于硼原子配位结构的特殊性，在硼酸盐中的结构单元类型较为丰富，基本可分三类，一类是单元中只含平面三角形 BO_3 的 B 原子；另一类是单元中只含四面体形 BO_4 的 B 原子；第三类则是单元中同时含有平面三角形 BO_3 和四面体形 BO_4 的 B 原子。硼酸盐结构单元分类及实例如表 2-2 和图 2-1 所示。

表 2-2　硼酸盐结构单元分类

结构特征	阴离子	实例
单元中只含平面三角形的 BO_3 的 B 原子[见图 2-1(a)]	$[BO_3]^{3-}$ $[B_2O_5]^{4-}$ $[B_3O_6]^{3-}$ $[(BO_2)^-]_n$	$Mg_3(BO_3)_2$ $Mg_2B_2O_5$、$Fe_2B_2O_5$ $K_3B_3O_6$、$Ba_3(B_3O_6)_2$ $Ca(BO_2)_2$
单元中只含四面体形 BO_4 的 B 原子[见图 2-1(b)]	$[BO_4]^{5-}$ $B(OH)_4^-$ $[B_2O(OH)_6]^{2-}$ $[B_2(O_2)_2(OH)_4]^{2-}$	$TaBO_4$ $Li(H_2O)_4B(OH)_4 \cdot 2H_2O$ $Mg[B_2O(OH)_6]$ $Na_2[B_2(O_2)_2(OH)_4] \cdot 6H_2O$
单元中同时含有平面三角形 BO_3 和四面体形 BO_4 的 B 原子[见图 2-1(c)]	$[B_3O_3(OH)_5]^{2-}$ $[B_4O_5(OH)_4]^{2-}$ $[B_5O_6(OH)_4]^-$	$Ca[B_3O_3(OH)_5] \cdot H_2O$ $Rb_2B_4O_5(OH)_4 \cdot 3.6H_2O$ $K[B_5O_6(OH)_4] \cdot 2H_2O$

（2）硼酸盐结构特征　基于已发现的大量硼酸盐化合物，有的研究者概括出了几条规律作为硼酸盐结构化学的基础，并对硼酸盐物质结构化学进行了系统的分类。

① 在硼酸盐中，硼原子总是和氧结合，有 BO_3 和 BO_4 两种构型；$[BO_3]^{3-}$ 和 $[BO_4]^{5-}$ 基团只能共顶点连接；共顶点连接的 $[BO_3]^{3-}$ 和 $[BO_4]^{5-}$ 基团构成阴离子基团，其中 B—O 基团间的共顶点连接是 Pauli 第

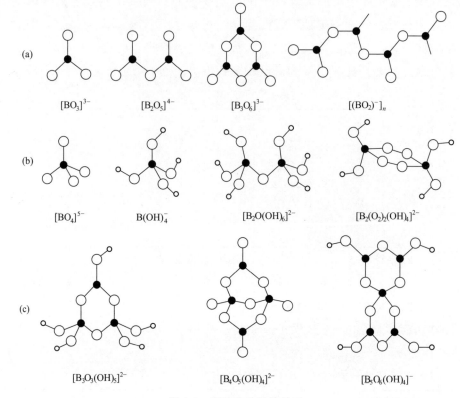

图 2-1 硼酸盐的结构单元

三和第四规则的直接推论；由共边连接的 $[BO_4]^{5-}$ 基团构成的晶体在能量上是更为有利的。

② 硼酸盐中硼氧骨架可看作由 $B(OH)_3$ 和 $B(OH)_4^-$ 两种构型不同的原子团，经过缩聚组成各种分立、环形、链状、层状和骨架型的硼氧骨架。

③ 在硼氧骨架中，大多数氧原子和 1 个或 2 个硼原子连接，在少数晶体如 MB_4O_7（M=Pb，Sr，Ba）和 SrB_6O_9（OH）$_2 \cdot 3H_2O$ 结构中，氧原子与 3 个硼原子连接。

④ 在硼酸盐中，氢原子不直接和硼原子配位，而总是和那些不同时和两个硼原子连接的氧原子结合，形成羟基基团 OH^-。

⑤ 大多数的硼氧环由 3 个硼原子和 3 个氧原子组成，形成六元环状硼氧骨架结构。

六元环可允许键角在一定范围内变化，较稳定。组成六元环的硼原子可以是三配位也可以是四配位的。由于硼原子的配位和环的连接方式不同，可以具有多种形式的环状硼氧体系。迄今发现稳定的矿物晶体的环状硼氧骨架中，大都至少含有一个四配位的硼原子。

⑥ 在一个硼酸盐晶体中可以同时存在两种或多种硼氧单元。分离的硼氧聚阴离子脱水聚合成链状、层状或骨架型硼氧结构时，聚合方式各异，形成多种形式的硼氧骨架，所以，在一个硼酸盐晶体中可以同时存在两种或多种硼氧单元。

目前，在硼酸盐结构化学的研究中，一般分成如图 2-2 所示几种结构方式。

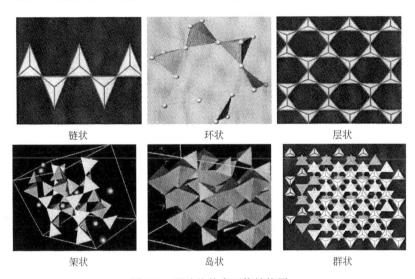

链状 环状 层状

架状 岛状 群状

图 2-2 硼酸盐的多面体结构图

① 链状：配阴离子为硼氧三角形或为三角形与四面体相互联结而成的一维连续链。

② 环状：配阴离子为三个、四个或五个硼氧三角形或四面体彼此以两个公共顶点相互联结而成的封闭结构为环状结构。

③ 层状：配阴离子为二维的由硼氧三角形和四面体相互联结成的结构层。

④ 架状：配阴离子为连续的三维四面体及三角形构成的骨架。

⑤ 岛状：配阴离子为孤立的三角形 $[BO_3]^{3-}$ 和四面体 $[BO_4]^{5-}$。$[BO_3]^{3-}$ 主要存在于无水硼酸盐内，$[BO_4]^{5-}$ 主要以 $[B(OH)_4]^-$ 形式存在于某些含水硼酸盐内。

⑥ 群状：配阴离子为两个具有公共顶点的硼氧三角形或四面体相互联结的孤立离子团形成的结构类型为群状结构。

二、 硼酸盐的水溶液结构

硼酸盐在水中溶解的部分离解为金属阳离子和多聚硼氧配阴离子，硼氧配阴离子在水溶液中又会发生聚合或解聚反应，所以硼在水溶液中以多种聚合度不同的硼氧配阴离子形式存在（见表 2-3），这已在多年实验研究中得到了证实。多聚硼氧配阴离子的存在形式、相互作用以及溶液的结晶产物均会受溶液中总硼浓度、pH 值、金属阳离子、温度及水热条件的影响。因此，硼酸盐水溶液比一般盐水溶液复杂得多。

表 2-3　硼酸盐水溶液中可能存在的硼氧配阴离子

硼酸盐水溶液	硼氧配阴离子
一硼酸盐	$B(OH)_4^-$　　$BO(OH)_2^-$　　$B(OH)_5^{2-}$　　$B(OH)_6^{3-}$　　$BO_2(OH)^{2-}$
二硼酸盐	$B_2O_4(OH)^{3-}$　　$B_2O(OH)_6^{2-}$
三硼酸盐	$B_3O_3(OH)_4^-$　　$B_3O_4(OH)_2^-$　　$B_3O_5(OH)_3^{3-}$　　$B_3O_3(OH)_5^{2-}$ $B_3O_4(OH)_3^{2-}$　　$B_3O_5(OH)^{2-}$　　$B_3O_3(OH)_6^{3-}$
四硼酸盐	$B_4O_5(OH)_4^{2-}$　　$B_4O_7(OH)_4^{4-}$　　$B_4O_6(OH)_2^{2-}$　　$B_4O_6(OH)_6^{6-}$　　$B_4O_4(OH)_8^{4-}$
五硼酸盐	$B_5O_6(OH)_4^-$　　$B_5O_7(OH)_2^-$　　$B_5O_7(OH)_3^{2-}$　　$B_5O_8(OH)^{2-}$　　$B_5O_6(OH)_6^{3-}$ $B_5O_7(OH)_3^{3-}$　　$B_5O_8(OH)_3^{3-}$　　$B_5O_9(OH)^{4-}$
六硼酸盐	$B_6O_7(OH)_6^{2-}$　　$B_6O_8(OH)_4^{2-}$　　$B_6O_9(OH)_2^{2-}$　　$B_6O_7(OH)_7^{3-}$
八硼酸盐	$B_8O_{13}(OH)_2^{4-}$
九硼酸盐	$B_9O_{12}(OH)_6^{3-}$　　$B_9O_{13}(OH)_4^{3-}$
十硼酸盐	$B_{10}O_{15}(OH)_4^{4-}$
二十硼酸盐	$B_{20}O_{33}(OH)_4^{10-}$

第一类

$B_4O_5(OH)_6^{4-}$　　　　　　$B_4O_5(OH)_5^{3-}$　　　　　　$B_4O_5(OH)_4^{2-}$

$B_4O_5(OH)_8^{5-}$　　　　　　$B_4O_5(OH)_7^{4-}$　　　　　　$B_4O_5(OH)_6^{2-}$

第二类

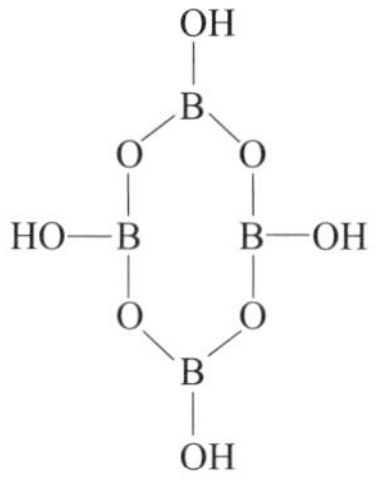

$B_4O_4(OH)_4$ 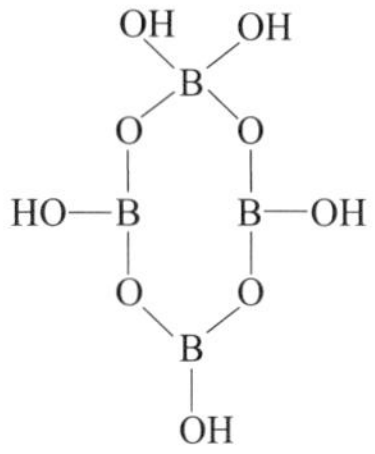　　　　　　$B_4O_4(OH)_5^-$ 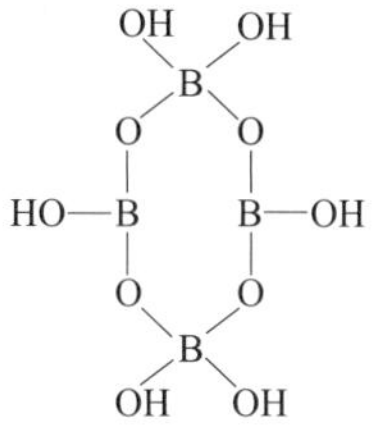　　　　　　$B_4O_4(OH)_6^{2-}$

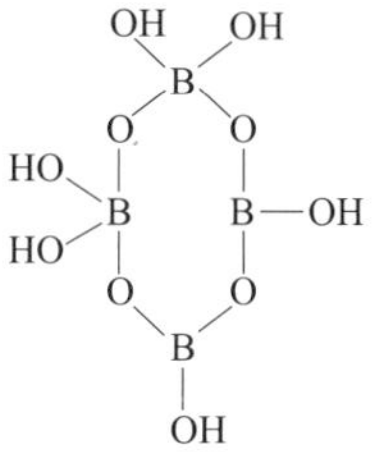

$B_4O_4(OH)_6^{2-}$ 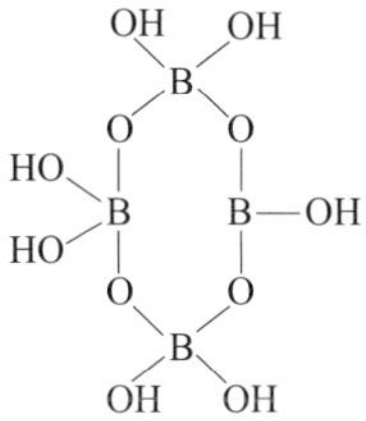　　　　　　$B_4O_4(OH)_7^{3-}$ 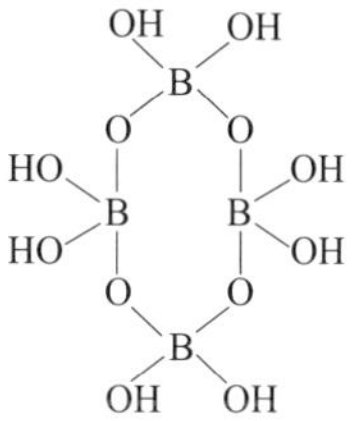　　　　　　$B_4O_4(OH)_8^{4-}$

图 2-3　四硼酸盐中的不同结构单元

沈阳化工大学毕颖指出，硼酸盐化合物中，存在多种聚合的硼氧配阴离子，其中以四硼氧配阴离子最为常见。硼砂 $Na_2B_4O_5(OH)_4$ 是首次发现的四硼酸盐。四硼酸盐主要以四硼酸根离了 $B_4O_5(OH)_4^{2-}$ 的结构存在，且多数为碱金属和碱土金属硼酸盐，包括单金属硼酸盐 $M_2[B_4O_5(OH)_4] \cdot xH_2O$（其中，M = Na，K，Rb，Cs，$NH_4$ 等）和多金属硼酸盐 $M_2M'[B_4O_5(OH)_4]_2xH_2O$ [其中，(M，M')＝(K，Ca)、(Rb，Ca)、(Cs，Ca)、(K，Sr)、(Rb，Sr)、(NH_4，Ca) 等]、$MM'[B_4O_5(OH)_4] \cdot xH_2O$ [其中，(M，M') ＝ (Na，K)、(Na，Rb) 等] 等十多种。在晶体结构中，大部分化合物都包含由 2 个 BO_4 四面体和 2 个 BO_3 三角形组成的孤立的四硼氧酸配阴离子。BO_4 四面体和 BO_3 三角形之间通过共用顶角 O 原子联结起来，形成紧密岛状结构，而且链终端的 O 原子容易质子化而形成 $BO_2(OH)$ 和 $BO_3(OH)$。一般来说，四硼酸根有两类结构单元（见图 2-3），一类硼氧原子连接的 B—O—B 桥状结构，另一类 B—O—B 交替连接的环状结构，结构单元的四硼酸根离子发生水合，分别形成 6 种不同水合数的结构单元。

三、硼酸盐的制造工艺

（1）硼酸盐的制造方法　目前，常见的硼酸盐制造方法归纳起来有溶液法、水热法、高温溶液法、熔体法四种。本书中所涉及的硼酸盐合成工艺均包括在这些方法中。

① 溶液法：从溶液中生长晶体的历史最久，应用也是很广泛。这种方法的基本原理是将原料（溶质）溶解在溶剂中，采取适当的措施造成溶液的过饱和状态，使晶体析出。溶液法具有很多优点：a. 物质可在远低于其熔点的温度下生长；b. 降低黏度；c. 容易长成大块的、均匀性良好的物质、并且有较完整的外形；d. 在多数情况下，可直接观察晶体生长过程，便于对晶体生长动力学的研究。溶液法的缺点是组分多，影响晶体生长因素比较复杂，生长速度慢，周期长。从溶液中生长晶体的最关键因素是控制溶液的过饱和度。

② 水热法：物质的水热生长是在高温高压水溶液中，使那些在大气条件下不溶或难溶于水的物质，通过溶解或反应生成该物质的溶解产物，并达到一定的过饱和度而进行结晶和方法。水热生长晶体的方法主要有温差法、降温法（或升温法）、等温法，这些方法都是通过不同的物理化学条件使结晶。

③ 高温溶液法：高温溶液法又称为助熔剂法，是生长物质的一种重要方法，也是最早的炼丹术之一。该法是指在高温下从熔融盐溶剂中牛长物质的方法，它可以使溶质相在低于其熔点的温度下进行生长。与其他方法相比具有如下优点：首先是这种方法适用性很强，对某种材料，只要能找到一种适当的助熔剂组合，就能用此法将这种材料的单晶生长出来；第二是许多难熔化合物和在熔点极易挥发或由于在高温时变价或有相变的材料，以及非同成分熔融化合物，都不可直接从其熔体中生长或不可能生长出完整的优质单晶，而助熔剂由于生长温度低，在促使这些材料的单晶生长方面显示出独特的能力。

④ 熔体法：从熔体中生长物质是制备大单晶和特定形状的单晶最常用的和最重要的一种方法，电子学、光学等现代技术应用中所需要的单晶材料，大部分是用熔体生长方法制备的。通常，当一个结晶固体的温度高于熔点时，固体就熔化为熔体；当熔体的温度低于凝固点时，熔体就凝固成固体。因此，熔体生长过程只涉及固-液相变过程。提拉法、泡生法、坩埚移动法、热交换法和浮区法等都归属于熔体法，对于生长高质量晶体而言，提拉法是十分重要的一种生长方法，对于实验研究来说，也是一种比较理想的方法。

（2）硼酸盐制造工艺条件　最早研究硼氧酸盐在水溶液中合成的两位科学家分别研究了含镁与钙水合硼酸盐的制备条件，制备出多种含镁和钙的硼酸盐。还有人对硼氧酸盐制备条件进行了更深入的研究，并提出下述规则：

① 制备特定结构的金属硼氧酸盐，应制备包含相同结构的硼氧酸盐水溶液；

② pH 值越大，多聚硼氧配阴离子的集合程度越小；

③ 温度升高，导致硼氧酸盐中 B_2O_3/MzO（$z=1$，2）比值增大和较少的结晶水。

可以看出金属硼氧酸盐的水溶液制备受到溶液中硼浓度，溶液 pH 值和温度等因素的影响，这些因素影响多聚硼氧配阴离子在水溶液中的存在形式，硼氧酸盐普遍存在的过饱和现象，导致符合化学计量的硼氧酸盐的制备存在困难，难以培养单晶，如何制备尺寸均匀、形状规整的单晶是人们亟待解决的问题。

四、 硼酸盐化合物研究进展

一直以来，硼酸盐化合物是材料学家关注的热点领域，由于硼酸盐化合物结构复杂，出现了许多具有特殊性能的功能材料。早期的硼酸盐化学的研究主要集中在单金属硼酸盐的制备，由于检测条件的制约，只能用粉末 X 射线衍射法对晶体进行结构测定。随着现代实验物理技术的迅速发展，尤其是 X 射线单晶衍射技术作为一项重要的测试手段广泛地应用于单晶的结构解析中，人们对硼酸盐的研究由对单金属硼酸盐的简单合成，转向了对多金属硼酸盐晶体的合成、结构表征和性能的探讨，而且开发了很多具有实用价值的物质，现已合成了碱金属、碱土金属、过渡金属、两性金属和稀土金属等单金属硼酸盐；碱-碱土金属复合硼酸盐、碱-碱土金属复合硼酸盐、碱土-碱土金属复合硼酸盐、碱（碱土）-过渡（两性）金属复合硼酸盐等。本书中不涉及单金属硼酸盐。

（1）碱金属、碱土金属硼酸盐　在硼酸盐体系中，碱金属、碱土金属硼酸盐的研究一直处于主导地位，包含水合硼酸盐及无水硼酸盐两大类。水合硼酸盐通常在弱酸性、中性或碱性的条件下，主要采用溶液法或水热法合成，合成的化合物有丰富的端羟基，常以分立或链状结构等低维形式存在。无水硼酸盐大多采用高温固相法合成，通常化合物中有着三维致密相结构，化学组成也更趋多样性。

碱金属硼酸盐主要是硼酸钾和硼酸钠。硼酸钾主要以五硼酸钾、四硼酸钾、三硼酸钾和偏硼酸钾存在。五硼酸钾是一种新型的无机非线性光学晶体，一般多采用水溶液降温法生长，可用于激光材料、金属焊接、润滑油添加剂及硼酸盐玻璃等领域。偏硼酸钾和三硼酸钾可用于润滑油脂的高效极压抗磨添加剂。四硼酸钾可作为非线性光学频率转换材料，还用于润滑油脂添加剂。硼酸钠主要用于玻璃、搪瓷、冶金等行业，$Na_2B_4O_7 \cdot 10H_2O$ 在首饰焊接中起助焊剂的作用，在贵金属冶炼中则起造渣的作用。$Na_2B_4O_7 \cdot 5H_2O$ 可用作除草剂和土壤杀菌剂，在化妆品中用作水的软化剂。$NaBO_2 \cdot 4H_2O$ 可用作照相药品、纺织物精整、施浆和除垢中的组分、黏结剂、洗涤剂、防腐剂、阻燃剂等方面。$Na_2B_8O_{13} \cdot 4H_2O$ 最初被用作硼肥也可用作除莠剂，是性能优良的防腐剂和杀菌剂，八硼酸钠还成为阻燃材料、结构材料的重要成分之一。

碱土金属硼酸盐中应用较为广泛的是硼酸钙和硼酸镁。硼酸钙合成方法简单，将其用于无碱玻璃纤维可以提高熔制质量、降低熔化温度和熔制过程中的挥发率。在陶瓷工业中，加入适量的硼酸钙，能够增加釉浆的悬浮性，使瓷色均匀，还能解决色釉盖杯麻把缺陷，提高制品光洁度等。硼酸钙也被逐渐应用于抗磨添加剂、非线性光学材料、塑料杀虫剂等方面。硼酸镁晶须（$Mg_2B_2O_5$）轻质、高韧、耐磨、耐腐蚀等特点，可作为复合增强材料、摩擦材料、过滤材料、电池隔膜、绝缘材料、耐热材料等。将 $Mg_3B_2O_6$ 添加到硼酸镁锂玻璃陶瓷中，可使陶瓷玻璃烧结温度从 1300℃ 降至 950℃。

（2）两性金属、过渡金属和稀土硼酸盐　两性金属、过渡金属和稀土硼酸盐是近年来人们普遍关注的新兴研究领域。与碱金属、碱土金属硼酸盐相比，两性金属、过渡金属、稀土硼酸盐具有非常明显的优势：①作为构成该体系基本要素之一的金属或稀土离子可以提供特定的配位几何构型与不同的硼—氧基团结合，从而构建更为新颖的结构类型。②两性金属、过渡金属和稀土离子的引入，可产生特殊的磁性、光化学及氧化·还原等简单硼酸盐组分不具有的特殊性质。

两性金属硼酸盐中，硼酸锌是最早应用的阻燃剂之一，工业上主要有氢氧化锌-硼酸法、氧化锌-硼酸法、锌盐-硼砂法三种合成路线。硼酸锌具有良好的热稳定性，无毒、易分解，作为阻燃剂用于塑料、橡胶制品等，还用作涂料防霉剂、杀菌防霉剂及陶（瓷）器釉药等。过渡金属硼酸铁是迄今为止所发现的两种可见光透明室温铁磁性材料中的一种（另一种为 FeF_3），单晶可采用顶部籽晶泡生法来生长，具有特殊的光学、磁学和磁光性质，在磁光器件研制上具有潜在的应用前景。

　　稀土金属硼酸盐材料是一类重要的发光材料，具有优良的光致发光效率、化学稳定性和较宽的发光区域等性质。目前，较常见的掺杂离子有 Eu^{3+}、Tb^{3+}、Sm^{3+} 等，其中 Eu^{3+} 是红色发光材料的主要掺杂离子；Tb^{3+} 主要是绿色发光材料的掺杂离子；Sm^{3+} 主要是橙红色发光材料的掺杂离子。对于稀土硼酸盐的研究，人们以往主要集中在氧合硼酸盐（Ln_3BO_6）、正硼酸盐（$LnBO_3$）及偏硼酸盐（LnB_3O_6）等方面。到目前为止，合成出的稀土硼酸盐化合物数量还十分有限。加强在这方面的研究，不仅可以拓展稀土硼酸盐的种类，丰富硼酸盐研究领域的结构化学，同时也为开发具有优良光、磁及非线性光学性质的新型功能材料提供机遇。

第三章
钠铵硼酸盐、偏硼酸盐、过硼酸盐

Chapter 03

第一节　钠铵硼酸盐的理化性质与合成工艺

一、理化性质

钠铵硼酸盐中包括：十水四硼酸盐、五水四硼酸盐、无水四硼酸盐、五硼酸铵等，如表 3-1 所示。

表 3-1　钠铵硼酸盐

名称	分子式	相对分子质量	形貌
十水四硼酸钠	$Na_2B_4O_7 \cdot 10H_2O$	381.43	无色半透明晶体或白色结晶粉末
五水四硼酸钠	$Na_2B_4O_7 \cdot 5H_2O$	291.29	白色结晶粉末
无水四硼酸钠	$Na_2B_4O_7$	201.22	白色结晶粉末或玻璃体
四硼酸铵	$NH_4HB_4O_7 \cdot 3H_2O$	228.33	无色结晶
五硼酸铵	$NH_4B_5O_8 \cdot 4H_2O$	272.15	无色斜方晶系双锥晶体
五硼酸钠	$NaB_5O_8 \cdot 5H_2O$	295.14	白色棱柱状
四水八硼酸钠	$Na_2B_8O_{13} \cdot 4H_2O$	412.49	粉状非晶系颗粒

1. 十水四硼酸钠（硼砂）

表 3-2　十水四硼酸钠（硼砂）着色性能

着色元素	氧化珠		还原珠	
	热	冷	热	冷
钴 Co	蓝	蓝	蓝	蓝
铬 Cr	暗黄至红	绿	绿	绿
铜 Cu	绿	黄绿或浅黄	无色	红似火漆不透明
铁 Fe	黄红	黄至无色	黄绿色	带绿色
锰 Mn	紫	红紫	无色	无色
钼 Mo	黄	无色	棕	棕色

着色元素	氧化珠		还原珠	
	热	冷	热	冷
镍 Ni	紫时间很短	红棕	无色或灰色	无色或灰
钛 Ti	带黄色	无色	黄棕	黄棕
铀 U	黄红	黄	绿	绿
钒 V	带黄色	带黄绿色	带棕色	带浅绿色
钨 W	黄至无色	无色	黄	浅棕色
钕 Nd	几乎无色	微带红紫	几乎无色	带红紫色甚微
镨 Pr	浅绿	暗橄榄绿	浅绿	暗橄榄绿

十水四硼酸钠外观为半透明结晶体或白色结晶粉末，无嗅，味咸，在空气中易风化。含 B 元素 11.34%。60℃失去 8 个结晶水，350～400℃失去全部结晶水而成无机盐。十水四硼酸钠易溶于水和甘油，不溶于乙醇和酸，水溶液呈碱性。十水四硼酸钠着色性能见表 3-2。

本品可用于制造多种硼化合物，如：硼酸盐、偏硼酸盐、金属硼化合物、有机硼化合物；在玻璃工业中用于制造增强紫外光线透射率、提高玻璃透明度的光学玻璃、耐热高强玻璃以及微晶玻璃等特种玻璃和玻璃纤维；在搪瓷、陶瓷制品中，硼砂可使表面光洁、瓷釉不易脱落；在冶金工业中，用于生产高强硼钢、高硬耐热合金钢和耐酸腐蚀的特种钢，以及有色冶金的去氧剂、助熔剂、净化剂；在机械工业中用于表面渗硼提高硬度和金属焊接；在电子工业中用于掺硼、电容等；在农业中即可做微量元素肥料，又可作杀虫剂；在精细化工方面，是生产洗涤剂、胶黏剂、化妆品等不可缺少的配料。

2. 五水四硼酸钠

白色结晶粉末，其化学性质与十水硼砂相似，122℃失去结晶水，密度 1.815g/cm³，具有助熔、杀菌、高温黏着等性质。

用于生产除草剂、土壤杀菌剂时，与十水硼砂具有相同的用途。由于它含有的结晶水少，具有运输中不结块的优点，因此，国际市场需求量逐年增多，也引起国内有关行业的注意。无水硼砂在玻璃工业中用于制造光学玻璃和耐热腐蚀玻璃；在搪瓷工业中用作釉料，涂于金属表面，坚固耐用；在陶瓷工业中用于制造釉料，效果良好；在采矿工业和冶金工业中用作抗冻剂、抗凝剂；在有色金属工业中作电解质的添加剂和有色金属的熔接剂；在化妆品中用作水的软化剂；用于防腐、防锈的阻化剂以及其他硼化合物的制造。

3. 无水四硼酸钠

系白色结晶或玻璃体，熔点 742.5℃，密度 2.28g/cm³，吸湿性较强、溶于水，缓慢溶于甲醇，可形成 13%～16% 的溶液。

用于制造优质玻璃、釉药、焊料等；也是有色金属与合金的助熔剂。

4. 四硼酸铵

无色结晶，密度 2.38～2.96g/cm³，溶于水。

5. 五硼酸铵

无色斜方晶系双锥晶体。可溶于水，不溶于醇，加热到 90℃ 以上时，部分分解释放出氨，150℃ 时失去 75% 结晶水，高温热解生成硼酐（B_2O_3）。

用途：用于电讯器材制造、金属保护、玻璃制造、木材加工、高温技术、防水、阻燃以及医药、矿冶、纺织等工业部门和农业液体肥料的制造。

6. 五硼酸钠

性质：白色棱柱状晶体。在 0℃ 水中，每升水溶解 10.3mol 五硼酸钠。
制法：由氧化硼水溶液和氢氧化钠水溶液反应制得。
本品可用于除草剂。

7. 四水八硼酸钠

四水八硼酸钠的应用现状：四水八硼酸钠是重要的精细硼化物之一，近几年来市场比较活跃，生产发展较快，受到行家关注。目前，该产品主要应用于农业方面，但随着科学技术的发展与应用研究的深入，其应用领域必将得到进一步拓展，四水八硼酸钠将成为我国硼化合物产品体系的重要组成部分。

四水八硼酸钠主要应用在以下行业中。

① 农业。在我国，四水八硼酸钠 98% 被用作硼肥。硼是植物生长所必需的营养元素之一，在植物生长发育中有非常重要的作用。施用硼肥，能有效补充硼元素，提高产量，同时可防止农作物病虫害的发生。它对油菜、小麦、棉花、果实等有明显的增产效果。四水八硼酸钠作为硼肥使用，具有水溶性好、用量少、植物吸收利用率高、土地残留少的特点。它的水溶液呈中性，几乎可以和所有农药混合，直接用于叶面喷施。对促进农业高产起到了积极作用。另外，它还可用作除锈剂。

② 其他行业。在日用化学工业、涂料、文物保护和医药卫生等行业都有广泛的应用。用四水八硼酸钠处理过的木材可以防止所有主要木腐菌对细木工构件和房屋行架的侵蚀，也可以抵抗害虫对木材的破坏。用于木材的防虫剂种类很多，但综合评价杀虫效力、对人畜的毒害、成本、使用的方便程

度等诸多因素，最佳的木材防虫剂为四水八硼酸钠。用四水八硼酸钠处理的木材表面洁净，无刺激性气味，对人畜和环境无危害，对处理过的木材再进行加工时，无需专门防护。由于四水八硼酸钠的 pH 值接近中性，对木材的酸碱性质无影响，处理后不改变材色，不改变木材的力学强度，便于着色、油漆与胶合。

作为一种环保型防腐剂，四水八硼酸钠具有良好的抑菌性能，不仅抗细菌，而且用量很少即可得到较好的抑菌效果，安全性好，没有毒性和刺激性。与大多数原料相容，不改变最终产品的颜色。这些优点使它在一些墙面涂料、文物的保护以及医药方面都有特殊的用途。有人研究了单独用四水八硼酸钠来保护木质文物，适当的浓度基本不影响其强度和外观。研究表明：质量分数低于 10% 的四水八硼酸钠可以治疗一些皮肤病，不会对人体皮肤产生刺激。另外，四水八硼酸钠还成为阻燃材料、结构材料的重要成分之一。

此外，四水八硼酸钠含水适中，B_2O_3 含量较五水硼砂高出 43%，具有更优良的运输和储能性能。应用于高硼硅酸盐玻璃行业具有比五水硼砂更强的优势。

在我国市场上流通的四水八硼酸钠产品初期几乎全部为进口产品，主要有美国的速乐硼、意大利的富利硼等。2003 年，安徽省土肥总站与安徽省肥料总公司共同开发了四水八硼酸钠生产工艺，并率先在国内实现了工厂化生产。产品纯度、溶解性能达到了进口产品标准，该工艺于 2007 年 5 月获得了发明专利。2006 年，保定市金洋生物肥料厂也成功开发出"优质聚合硼"（四水八硼酸钠），单质硼含量高达 20.15%，生产能力达到年产 3000t 的水平，目前，在山东、青海、新疆等地，一些投资商纷纷立项开发四水八硼酸钠产品。

近几年来，我国高硼硅酸盐玻璃行业在原料上受制于国外资源，由于五水硼砂供应不足，一些生产线面临停产的压力。因此，以四水八硼酸钠代替五水硼砂缓解我国高硼硅酸盐玻璃行业的困难，从这个角度看，其在工业上的应用前景比农业上的应用更广阔。但是，我国目前四水八硼酸钠产量很低，市场上流通的产品多以农业为目标，专用性较强。因此，不断开拓新的应用领域，对该产品的发展具有深远影响。

随着社会经济的发展，对四水八硼酸钠的需求量也将不断增大。大力发展四水八硼酸钠的生产，可以满足农业、日用化学工业、涂料、文物保护、医药卫生、特殊玻璃、冶金、采矿、电镀等行业的需要。四水八硼酸钠含 B_2O_3 高达 67%，和五水硼砂相比，其优良的储运性能更加吸引关注，在工业领域有着广阔的应用前景。随着应用研究的深化与应用领域的不断拓展，市场对四水八硼酸钠的需求必将快速增长。

二、 合成工艺

1. 十水四硼酸钠（硼砂）

含硼的矿种主要有斜方硼砂矿、钠硼解石、硬硼钙石和硼镁等。此外还从含硼盐湖水中提取硼砂。中国的硼矿主要是硼镁矿，近年来发展了天然硼砂矿制硼砂。其加工方法有水浸溶解法、酸法、碱法、碳碱法等。

（1）水浸溶解法　此法用于加工斜方硼砂矿（$Na_2B_4O_7 \cdot H_2O$）和天然硼砂矿（$Na_2B_4O_7 \cdot H_2O$）。原矿破碎后，用水加温浸取，固液分离除去残渣，溶液冷却结晶。控制不同的冷却温度，即可制得十水硼砂或五水硼砂。

（2）酸法　用硫酸加工硼矿先制得粗硼酸，将制得的粗硼酸加入温度为 95～100℃ 的纯碱溶液中，经反应生成硼砂，经冷却结晶即可。

（3）碱法　加工工艺视原料的不同而异。

① 碱法加工钠硼解石。钠硼解石（$Na_2O \cdot 2CaO \cdot 5B_2O_3$）$\cdot 12H_2O$ 粉碎后，用纯碱及碳酸氢钠为分解剂，进行蒸煮碱解而得。反应式为：

$$2(Na_2O \cdot 2CaO \cdot 5B_2O_3) \cdot 12H_2O + Na_2CO_3 + 4NaHCO_3 =\!=\!=$$
$$5Na_2B_4O_7 + 4CaCO_3 + CO_2 + 26H_2O$$

② 碱法加工硬硼钙石。硬硼钙石（$2CaO \cdot 3B_2O_3 \cdot 5H_2O$）先经煅烧，再用纯碱或碳酸氢钠的混合碱液进行碱解即得。反应式为：

$$2(2CaO \cdot 3B_2O_3 \cdot 5H_2O) + 2NaHCO_3 + 2Na_2CO_3 =\!=\!=$$
$$3Na_2B_4O_7 + 4CaCO_3 + 11H_2O$$

③ 碱法加工硼镁矿。基本原理是用烧碱分解经过焙烧处理的硼镁矿粉，得到偏硼酸钠溶液后，通入二氧化碳碳酸化即得硼砂。母液中的碳钠经苛化、过滤、蒸发后返回配料使用。反应式为：

$$2MgO \cdot B_2O_3 + 2NaOH + H_2O =\!=\!= 2NaBO_2 + 2Mg(OH)_2 \downarrow$$
$$NaBO_2 + CO_2 + Ca(OH)_2 \longrightarrow NaOH + CaCO_3$$

④ 根据碱解的压力又分为常压碱解法和加压碱解法。加压碱解法是在

0.3～0.5MPa 的压力下，碱解温度为 130～150℃，使分解率从 70％提高到 90％，可以加工品位高于 12％矿粉，经济效益好。缺点是工艺流程长、设备多，而且不适于加工品位低的矿粉，目前生产中较少采用。

（4）碳碱法　经过焙烧处理的硼镁矿粉与碳酸钠溶液混合，通入石灰窑气（CO_2）进行碳酸化、过滤，洗水回用于碳酸化配料，滤液适度蒸发浓缩，冷却结晶，离心分离而得硼砂。母液直接回用于碳酸化配料。反应式为：和加压碳解法相比，碱解、碳酸化两工序改为碳解一工序，母液不要苛化，工艺流程短，对设备腐蚀性小。目前，碳碱法是加工硼镁矿生产硼砂的方法。

（5）由含硼盐湖水制取硼砂　可采用冷却分级结晶法或泡沫浮选法。后者先制取粗硼砂，而加纯碱处理而得。

2. 五水四硼酸钠（硼砂）

以十水硼砂为原料制备五水硼砂，有两种工艺路线。一种是加热法，当十水硼砂加热至一定温度时，失去五个结晶水而生成五水物结晶，即五水硼砂；另一种方法是重结晶法，十水硼砂易溶于水，它在水中的溶解度随温度升高而增大（表 3-3），当温度高于 56℃时，四硼酸钠以五水物析出，低于 56℃时，以十水物析出。据此，配制无水硼砂的过饱和溶液（高于 56℃），采取一定的方法提高过饱和度，破坏相平衡，从而制得五水硼砂再经液固分离、干燥而得五水硼砂产品。由于前法热能消耗高，工艺路线难以控制，无法实施于工业生产（见表 3-4～表 3-6）；而后法消耗能源少，工艺条件易于掌握，因此可采取重结晶法的工艺路线制备五水硼砂。

表 3-3　四硼酸钠在水中的溶解度表

温度/℃	0	10	20	30	50	60	70	80	90	100
$Na_2B_4O_7$（每 10g 水）/g	1.5	1.6	2.7	3.5	10.5	20.5	21.4	31.5	41	52.5
固相	$NaB_4O_7 \cdot 10H_2O$					$NaB_4O_7 \cdot 5H_2O$				

表 3-4　实验室加热法制备五水硼砂脱水时间与料层厚度的关系试验

脱水用烧杯规格/mL	温度/℃	料层厚度/mm	脱水时间/min	脱水率/％
400	146	20	100	27.74
400	146	35	210	27.44
400	146	45	230	26.83

表 3-5   实验室加热法脱水温度与时间的关系试验

（Na$_2$B$_4$O$_7 \cdot$5H$_2$O＞99%）

烧杯规格/mL	料层厚度/mm	升温温度/℃	保温时间/h	脱水率/%
400	20	68	14.5	27.00
400	20	80	10	26.63
400	20	98	5.3	26.75
400	20	120	4	27.34
400	20	132	2	27.25
400	20	146	1.7	27.74
400	20	150	1.5	26.88

表 3-6   十水硼砂在烘箱内加热后剩余水物质的量

加热时间/h	剩余水的物质的量/moL					
	80℃	100℃	150℃	175℃	190℃	200℃
2		4.22	1.74	1.51	1.36	
6		3.70	1.64	1.48	1.32	
14		3.44	1.57	1.36	1.28	
123					1.11	
恒重	1.8	1.8				1.1

（1）五水硼砂试验工艺流程图   试验工艺条件制定的依据。

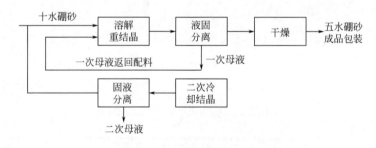

图 3-1   五水硼砂试验工艺流程

① 液固比。水（或母液）与硼砂的加入比，按 100℃ 饱和四硼酸钠溶液的溶解度计，液固比为 1∶2.19（试验中首先选用的液固比）。为提高设备利用率，提高结晶产率，实验的最大的液固比为 1∶3.0（水溶料）。大于此液固比时，液料流动性差，不便操作。故试验中取液固比为 1∶（2.19～3）（水溶料）及 1∶（1.2～1.8）（母液溶料）。

② 溶解温度。为提高结晶产率，采用增大温度梯度的方法，开始选择溶解温度为 100℃，后在试验中测得，当温度高于 56℃ 时，存在于四硼酸钠溶液中的固体硼砂均为五水物（干燥后含量可大于 99%）而且与存在时间

无关。理论依据如图 3-1 所示。后来又以溶解温度为 67~70℃进行试验。

③ 结晶温度及液固分离温度。采用降低温度使溶液达到过饱和的方法。但温度不能低于 56℃，因此时十水物会析出，影响产品纯度。考虑液固分离时的热损失，又要考虑五水硼砂结晶收率，所以结晶及液固分离温度不低于 65℃。试验采用的是 62~70℃。

④ 干燥温度。干燥的目的是迅速脱去固液分离时滞留于晶体表面的游离水分。由于表面水的存在，在温度低于 56℃情况下很容易变为十水硼砂。但不能高于 120℃，因此时五水硼砂开始失去结晶水。试验中采用 80~100℃干燥温度。

⑤ 一次母液的二次结晶温度。二次结晶的目的是为了保持系统中母液的平衡。选择十水硼砂的结晶温度为 30℃。

（2）试验工艺条件

① 液固比。水 1：（2.19~3.0），母液 1：（1.2~1.8）。

② 溶解温度。100℃。

③ 搅拌速度。120r/min。

④ 干燥温度及时间。80~100℃，30min。

⑤ 二次结晶温度。30℃。

（3）试验操作及数据　量取水（或母液）一定体积放入烧杯中，置电炉上加热，边搅拌边缓慢均匀地加入定量的硼砂，加热至溶解温度，再控制重结晶温度，然后进行抽滤、滤饼（即结晶物）放至烘箱干燥，最后得五水硼砂产品。

3. 四水八硼酸钠

生产四水八硼酸钢的方法主要有硼砂、硼酸聚合法，其他还有氢氧化钠法，各种生产方法的设备基本相同。化学反应式分别为：

以十水硼砂为原料：

$$Na_2B_4O_7 \cdot 10H_2O + 4H_3BO_3 \Longrightarrow Na_2B_8O_{13} \cdot 4H_2O + 12H_2O$$

以五水硼砂为原料：

$$Na_2B_4O_7 \cdot 5H_2O + 4H_3BO_3 \Longrightarrow Na_2B_8O_{13} \cdot 4H_2O + 7H_2O$$

以氢氧化钠为原料：

$$2NaOH + 8H_3BO_3 \Longrightarrow Na_2B_8O_{13} \cdot 4H_2O + 9H_2O$$

第二节　偏硼酸盐的理化性质、合成工艺与用途

一、偏硼酸钠

（1）分子式　$NaBO_2 \cdot 2H_2O$；相对分子质量101.84。

（2）特性　无色结晶，易溶于水，溶液呈强碱性，不溶于醇，有一水、二水、四水、八水等不同结晶水的产物。

（3）用途　用于照相、织物精整、施浆、除垢、药剂中，也用于生产抗结剂、洗涤剂、防腐剂、阻燃剂；还用于氧化镁防水处理、化学法制过硼酸钠、碳化法制硼砂，以及农业中做除草剂等。

（4）合成工艺方法　用烧碱分解硼镁矿、硼钙矿、硼砂矿，都得到偏硼酸钠。国内主要用烧碱分解热硼镁矿制偏硼酸钠，其反应式如下：

$$MgO \cdot B_2O_3 + NaOH + H_2O \longrightarrow NaBO_2 + Mg(OH)_2 \downarrow$$

（5）工艺过程　将硼镁矿焙烧、磨粉（160目）后，用30%烧碱液配成固液比为1：（1.2~1.45）的料浆，然后送入碱解罐中，升温4~6h碱解，过滤，将滤液蒸发、浓缩、冷却、结晶分离、干燥即得成品。母液循环配料。

二、偏硼酸钙

（1）分子式　$CaO \cdot B_2O_3 \cdot 4H_2O$，相对分子质量197.78。

（2）特性　可溶于水，呈碱性反应，45℃下pH值为9.2，溶解度随温度升高变化不大，可溶于稀酸；300℃时失水转变成二水合物。

（3）用途　无碱玻璃工业新原料，也用作防锈涂料、阻燃剂、防霉剂等；在制药及冶金工业上也有应用。

（4）合成工艺方法　有硼砂、烧碱石膏法和硼酸铵石灰法，以后者为主，其反应式如下：

$$2NH_4H_2BO_3 + Ca(OH)_2 \Longrightarrow CaO \cdot B_2O_3 \cdot 4H_2O + 2NH_3 \uparrow$$

用碳铵法分解硼镁矿制取硼酸的分解过滤液为原料，经脱出碳酸氢铵后，送入合成器中，加入纯净石灰乳，搅拌反应，即生成偏硼酸钙沉淀，将其离心分离、水洗、干燥、粉碎即得成品。母液送去消化石灰。

三、偏硼酸铜

（1）分子式 $Cu(BO_2)_2$，相对分子质量：149.16。

（2）特性 浅蓝绿色结晶粉末，相对密度3.859，溶于酸，不溶于水和稀的无机酸。

（3）合成工艺方法 氢氧化铜和硼酸反应制得；硝酸铜和硼酸（分子比为1：2）的混合物溶液蒸干后加热至950℃以下制得。

四、偏硼酸铅

（1）分子式 $PbB_2O_4 \cdot H_2O$，相对分子质量310.83。

（2）特性 在室温下不溶于水和醇，易溶于稀硝酸或沸腾的醋酸中。能被硫酸、盐酸和沸腾的氢氧化钾分解。20℃时相对密度为4.9，加热至160℃时失去结晶水，无水物相对密度5.598。偏硼酸铅有毒。

（3）合成工艺方法 以氧化铅和硼酸溶液为原料的硼酸法及以醋酸铅和硼砂为原料的硼砂法。

① 硼砂法。硼砂加水、加热溶解后，过滤除去不溶性杂质，将溶液相对密度调整在5.5°Bé（49℃）左右，放入反应器中。醋酸铅加水、加热溶解，调整相对密度在11°Bé（75～80℃）左右。在充分搅拌条件下，将醋酸铅溶液逐渐加入已投入硼砂溶液的反应器中，使其充分反应生成硼酸铅沉淀。其反应为：

$$Pb(CH_3COO)_2 + Na_2B_4O_7 + aq \Longrightarrow PbO \cdot B_2O_3 \cdot H_2O + 2CH_3COONa + aq$$

② 硼酸法。最合理的工业方法是用氧化铅与硼酸溶液反应，因为工艺过程极为简单，且不产生副产物。氧化铅经筛分后，加入稀硝酸搅拌，使其溶解生成硝酸铅：

$$PbO + 2HNO_3 \Longrightarrow Pb(NO_3)_2 + H_2O$$

将溶液进行过滤，滤渣返回过筛使用，滤液则加氨水调整pH值为8，此时生成氢氧化铅沉淀：

$$Pb(NO_3)_2 + 2NH_4OH \Longrightarrow Pb(OH)_2 + 2NH_4NO_3$$

沉淀水洗后，加到盛有硼酸溶液的反应器中，并加适量甘油，在搅拌条件氢氧化铅与硼酸充分反应，生成硼酸铅：

$$Pb(OH)_2 + 2H_3BO_3 \Longrightarrow PbO \cdot B_2O_3 \cdot H_2O + 3H_2O$$

反应完成后，经压滤分离、干燥、粉碎、包装后即得成品。

五、 偏硼酸锂

（1）分子式　LiBO₂·8H₂O，相对分子量 197.76。

（2）特性　偏硼酸锂结晶会逐渐风化，它在 15℃时相对密度为 1.4，易溶于水，随着温度的升高在水中的溶解度会迅速增长；在温度 40℃时在 100g 水中能溶解的无水盐为 11g。在温度达到 47℃时，八水硼酸锂会溶解在它本身的结晶水中，当加热到 160℃时会全部失去结晶水。无水的偏硼酸锂熔点为 840℃。

（3）合成工艺方法　可将碳酸锂（或氢氧化锂）与氧化硼共熔而制取。

六、 偏硼酸钡

（1）分子式　$Ba(BO_2)_2 \cdot nH_2O$。

（2）特性　白色斜方晶系的结晶状粉末，具有防锈、抗粉化、耐高温、防火、防霉等性能。微溶于水，其 pH 值 10.2，加热到 70℃以上时开始失去结晶水，140℃时失去全部结晶水。

（3）用途　用于涂料工业的底漆、面漆的制造，是一种新型防锈颜料；也用于陶瓷、塑料、造纸和橡胶工业。

（4）合成工艺方法　工业上常用的制法是硼砂与硫化钡进行合成，其反应式如下：

$$NaOH + BaS + Na_2B_4O_7 \longrightarrow Ba(BO_2)_2 \downarrow + Na_2S + H_2O$$

（5）工艺过程　将硫化钡、硼砂、硅酸钠分别用水或母液溶解，按一定浓度和比例，在反应器中搅拌均匀，加热到（110±5）℃复分解，生成硅包膜的偏硼酸钡沉淀；冷却至 70~80℃，将沉淀物用离心机分离，再经水洗、干燥、粉碎即为成品。

第三节　过硼酸盐的理化性质、 合成工艺与用途

一、 四水过硼酸钠

（1）分子式　$NaBO_3 \cdot 4H_2O$。相对分子质量 153.8。

（2）特性　白色单斜晶系结晶颗粒或粉末，微溶于水，溶液呈碱性，水溶液不稳定，极易放出活性氧；可溶于酸、碱及甘油中，与稀酸作用，产生

过氧化氢。

（3）用途　主要用作还原染料染色的氧化剂，原布的漂白、脱脂；医药上用作消毒、杀菌剂；还可用作洗涤剂、媒染剂、脱臭剂以及电镀液的添加剂；此外，还用在有机合成、分析试剂和化妆品方面。

（4）合成工艺方法　以硼砂、氢氧化钠与过氧化氢为原料制得，其反应式如下：

$$Na_2B_4O_7 + NaOH + H_2O_2 + H_2O \longrightarrow NaBO_3 \cdot 4H_2O$$

（5）工艺过程　先将氢氧化钠和硼砂一起加入配料罐中，用母液或自来水调配到要求浓度，煮沸 4h 后，经过滤器滤出不溶物；然后将滤液加入反应罐中，加入 30％双氧水在 30～40℃进行氧化反应；调整控制双氧水的加入量，待反应完成后，经冷却结晶、离心分离、干燥即得产品。

二、 一水过硼酸钠

（1）分子式　$NaBO_3 \cdot H_2O$。相对分子质量 99.81。

（2）特性　白色粉末，在常温下难溶于水，120℃下开始析出活性氧，贮存稳定。

（3）合成工艺方法　由四水过硼酸钠脱水制得。

三、 过硼酸钾

（1）分子式　$KBO_3 \cdot H_2O$。相对分子质量 106.92。

（2）特性　白色结晶。微溶于水。

（3）合成工艺方法　用硼砂—碳酸钾为电解质，电解在 U 形电解槽中进行，用铁阴极和铂阳极进行电解制得；偏硼酸钾溶液和过氧化氢溶液在 10～30℃混合，冷却到 0℃结晶制得。

四、 过硼酸锌

（1）分子式　$Zn(BO_3)_2$。相对分子质量 182.99。

（2）特性　白色无定形粉末。不溶于水，但在水中慢慢分解，放出过氧化氢。

（3）合成工艺方法　由过氧化钠、硼酸和锌盐反应制得；由硼酸和过氧化锌反应制得。

第四章
多种其他金属硼酸盐

Chapter 04

第一节 硼酸铝等的理化性质、合成工艺与用途

一、硼酸铝

（1）分子式 $2Al_2O_3 \cdot B_2O_3 \cdot 3H_2O$，相对分子质量 327.56。

（2）特性 白色粉末，遇水则分解，变成氢氧化铝和硼酸。

（3）合成工艺方法 将氢氧化铝和硼酸作用，再用结晶法精制。

二、硼酸锶

（1）分子式 $SrB_2O_4 \cdot 4H_2O$，相对分子质量 245.32。

（2）特性 二硼酸锶有无定形和透明的晶体。

（3）合成工艺方法 可用硼砂与氢氧化钠作用于锶盐溶液制得。如用无水硝酸锶水溶液与氢氧化钠溶液在 60℃下再加入硼砂。在搅拌下反应可制得二硼酸锶。

三、三硼酸锂

（1）分子式 LiB_3O_7，相对分子质量 151.37。

（2）特性 一种新型非线性光学晶体。无色透明属正方晶系。晶格常数 $a=0.84473nm$，$b=0.73788nm$，$c=0.51395nm$。密度 $2.4g/cm^3$，熔点 834℃，莫氏硬度 6，热膨胀系数 $\alpha_x=8\times10^{-5}K^{-1}$，$\alpha_y=8.8\times10^{-5}K^{-1}$，$\alpha_z=3.4\times10^{-5}K^{-1}$。吸收系数（在 1064nm）$<0.001cm^{-1}$，折射率（在 1064nm）$n_x=1.5656$，$n_y=1.5905$，$n_z=1.6055$，非线性光学系数 $d_{31}=(1.05\pm0.09)$ pm/V，$d_{32}=(0.98\pm0.09)$ pm/V，$d_{33}=(0.05\pm0.006)$ pm/V。

（3）用途　用于近红外、可见光及紫外波段高功率脉冲激光的倍频、和频、参量振荡和放大器件。

（4）合成工艺方法　以碳酸锂和硼酸为原料，用坩埚下降法生长，可得到大尺寸晶体。

四、 四硼酸钾

（1）分子式　$K_2B_4O_7 \cdot 5H_2O$，相对分子质量 323.49。

（2）特性　白色粉末，有碱味，能溶于水。

（3）合成工艺方法　由碳酸钾和硼酸水溶液反应，滤除不溶物，溶液加蒸发，浓缩后用乙醇处理制得。

五、 四硼酸铜

（1）分子式　CuB_4O_7，相对分子质量 218.77。

（2）特性　蓝色结晶粉末。可溶于稀酸和氨水，微溶于乙醇。可水解成碱式盐。

（3）合成工艺方法　将硼砂溶液加入硫酸铜中制得。

六、 四硼酸锰

（1）分子式　$MnB_4O_7 \cdot 9H_2O$，相对分子质量 372.31。

（2）特性　是略带粉红色的白色粉末。溶于稀酸，微溶于水、硼酸水溶液。氢氧化钠水溶液、油，不溶于醇。当加热到 500℃以上，四硼酸锰会收缩成体积最小的球形，变成棕色；在 900℃以上开始熔融；在 1000℃时则熔化成深棕色物。当用氯化锰或硫酸锰与硼砂在水溶液中进行复分解反应时，可以很容易制得无定形、过滤性良好、组成不定的硼酸锰沉淀。

（3）合成工艺方法　以硫酸锰和硼砂为原料制取四硼酸锰的反应方程式如下：
$$Na_2B_4O_7 + MnSO_4 \cdot 9H_2O = MnB_4O_7 \cdot 9H_2O \downarrow + Na_2SO_4$$

七、 四硼酸锂

（1）分子式　$Li_2B_4O_7$，相对分子质量 169.122。

（2）特性　白色粉末。溶于盐酸，微溶于水，不溶于有机溶剂。熔点 917℃。

（3）用途　用于搪瓷工业的釉药、润滑脂组分、荧光分析助熔剂。

（4）合成工艺方法　硼酸锂由硼酸和碳酸锂反应而制得，从溶液中得到王水合硼酸锂，该水合物在 200℃失去两分子水，在 800℃以上灼烧时，可得到无水硼酸锂。

八、五硼酸钾

（1）分子式　$KB_5O_8 \cdot 4H_2O$（或 $K_2B_{10}O_{16} \cdot 8H_2O$），相对分子质量 293.20。

（2）特性　$KB_5O_8 \cdot 4H_2O$ 斜方晶系白色结晶，相对密度 1.74。室温下稳定、不吸湿。100℃时失去 3 分子水，而最后一个水要到 200℃以上才慢慢失去。它在冷水中的溶解度很小，0℃时溶解度为 1.56g，20℃时为 2.82g（无水物）。

（3）合成工艺方法　五硼酸钾可以用硼酸和氢氧化钾或碳酸钾反应而制得。通常是用碳酸钾和硼酸生产五硼酸钾。

九、六硼酸镁

（1）分子式　$MgB_6O_{10} \cdot nH_2O$。

（2）特性　对于镁及碱土金属，六硼酸盐是一种特有的类型；在有游离硼酸存在的条件下，它在 pH 值为 3.5～8.5 的范围内都稳定。工业规模生产硼酸镁，其组成是不定的：

$$xMgO \cdot yB_2O_3 \cdot zH_2O$$

（3）合成工艺方法　它可用硫酸法酸解矿粉制硼酸的母液来制造。

第二节　硼酸锌

硼酸锌是硼化物阻燃剂中的佼佼者。引起人们的重视是在第二次世界大战中，美国海军使用了这种阻燃剂，显示了明显的阻燃效果。

20 世纪 70 年代以来，塑料、橡胶、涂料等高分子合成材料在高层建筑、汽车、飞机、船舶等方面的日益广泛应用，如果阻燃效果不好的话，遇到火灾会造成人、财、物的巨大损失。许多国家制订了一系列严格的阻燃规范。近年来，由于对塑料等耐火性的要求提高，因此能够代替昂贵的氧化锑作为阻燃剂的硼酸锌用量也就增加了。同时，硼酸锌也可用作油漆涂料的耐火添加剂，硼酸锌的氨水溶液又可浸渍木材和纺织品材料，使它们具有耐火性。当然，作为阻燃剂，硼酸锌的社会效益就更大了。据报道，硼酸锌阻燃剂在热固性聚酯配方中，代替氧化锑，可降低成本5%。氧指数试验表明，硼酸锌阻燃剂的加入比等量的氧化锑氧指数高。另外，还可作氧化锑、水合氧化铝的增效剂使用，可部分或全部代替氧化锑。

硼酸锌阻燃剂可单独使用，也可与卤化物、锑化合物等协同使用，效果更为显著。美国Humphrey化学公司生产的FB-115型阻燃剂可用于聚丙烯和丙烯腈-丁二烯-苯乙烯塑料中，由于加工中改变了结晶物而提高了热稳定性。它常与氧化锑并用，比例是1:1。

FB与氧化锑在含卤树脂中等量并用，除烟量减少外，还可降低着色力和价格。例如，在软护套及半硬绝缘层中，FB可代替50%的氧化锑，烟雾可减少25%（氧指数不变）。在XLPE、LDPE电缆电线里，ZB可代替25%~50%的氧化锑。当用于卤化聚酯中时，FB与水合氧化铝并用可全部代替氧化锑，且目前比氧化锑便宜60%。

目前，我国煤矿及一些行业火灾问题比较突出，20世纪90年代国家已要求占煤矿总数70%的井下开采用的运输带必须全部实现阻燃化，而胶带厂、电缆厂以及防火聚氯乙烯制品均需要此产品。而FB阻燃剂硼酸锌是实现阻燃化的首选品种。

（1）分子式　（$Zn_2B_6O_{11} \cdot 3.5H_2O$）；相对分子质量434.69。

（2）特性　外观为白色或淡黄色粉末，密度$2.684g/cm^3$。不溶于水、乙醇、正丁醇、苯丙酮等，易溶于盐酸、硫酸、二甲亚砜；热稳定性好，易分散；在300℃以上失去全部结晶水。本品有毒，小鼠急性经口$LD_{50} >$10g/kg。

（3）用途　用于各种工程塑料、橡胶制品、涂料的制造；也是一种热稳定好、粒度细的无毒阻燃剂，可部分代替有毒的三氧化二锑，应用于聚乙烯、聚丙烯、聚酯、聚丙烯酸酯、聚醋酸乙烯酯、ABS树脂、不饱和聚酯、纤维织物的阻燃，以及用于医药、防水织物、陶瓷、釉药、防毒杀菌等。

（4）合成工艺方法　由硼酸、氢氧化锌作用制得，其反应式如下：

$$2Zn(OH)_2 + 6H_3BO_3 \Longrightarrow 2ZnO \cdot 3B_2O_3 \cdot 3.5H_2O + 7.5H_2O$$

（5）工艺过程　在水或其他有机溶剂存在下，将氢氧化锌与硼酸加入反应器中，于100℃下保温6~10h，将浆料过滤可得硼酸锌固形物；再用热水洗去杂质，最后干燥即得成品。母液循环使用。此法工艺简便，无污染，是制造三水半盐的好方法。产品收率95%。

其次以硼砂和氧化锌为原料制得，其反应式如下

$$2ZnO + 6H_3BO_3 \Longrightarrow 2ZnO \cdot 3B_2O_3 \cdot 3.5H_2O + 0.5H_2O$$

将氧化锌加入盛有硼酸溶液的反应器中，升温到 103～105℃，保温 7h，产物经过滤、洗涤、干燥、粉碎而得成品。

此外，将硫酸锌水溶液投入硼砂和氧化锌中，在高于 70℃ 温度下保温搅拌，反应 6～7h，然后冷却过滤，再用温水洗涤滤饼，最后干燥而得。

第三节　硼酸盐玻璃

硼酸盐玻璃既有科学研究的意义又有工业价值，因为它有独特的分子结构，并提供某些独特的物理性质：如低的玻璃转变温度和软化温度，较高的膨胀系数等。

硼酸盐系统的低熔点玻璃作为一种焊料应用于真空和电子技术、激光和红外技术、高能物理、航天工业和化学工业等领域；它作为热敏电阻、晶体三极管和微型电路的防护层而应用于微电子学中。无机玻璃比有机介质能够耐更高的温度，玻璃的线膨胀系数比有机漆和树脂的小，这样就提高了在温度急剧变化的条件下对半导体仪器仪表保护的可靠性。根据已有研究成果，研制了基于 Li_2O-Al_2O_3-B_2O_3 系统的环保型无铅低熔点玻璃，并对其热学性质和玻璃的结构进行了研究，从而确定出了良好的玻璃组成，满足各种用途的条件。

1. 实验

（1）样品的制备　本实验采用熔融急冷法制备实验样品。以分析纯的 Li_2CO_3，$Al(OH)_3$，H_3BO_3 为原料。按表 4-1 所列的配方制备配合料，混合均匀后，熔制时使用刚玉坩埚，在硅碳棒电阻炉中熔制后浇铸成块状样品，退火后冷却，或急冷后制成粉状样品，进行各种性能的测试。

表 4-1　Li_2O-Al_2O-B_2O_3 系统玻璃试样的组成

序号	Li_2O 物质量的份数	Al_2O_3 物质量的份数	B_2O_3 物质量的份数
1	9.91	0	90.09
2	9.41	5	85.59
3	8.92	10	81.08
4	8.42	15	76.58
5	7.93	20	72.07

（2）性能测试　玻璃样品的转变温度（T_g）由 NETZSCH DSC204 以

5℃/min 的升温速度测得；样品的结构采用日本理学 D/max-2200pc（管压：40kV，管流：40mA，狭缝 DS/RS/SS：1°/0.03mm/L°）自动 X-射线衍射仪进行测定；样品的结构基团采用德国布鲁克公司 VECTOR-22（波数范围 400～5000cm^{-1}）傅里叶红外光谱仪进行测定。

2. 测试结果与讨论

（1）玻璃的转变温度 图 4-1 为②～④玻璃的 DSC 结果曲线，DSC 曲线上的吸热峰代表玻璃的转变温度范围，从图中可以看出②～④样品玻璃在 230～250℃时玻璃的基线斜率有些改变，既是玻璃的转变温度（T_g）。

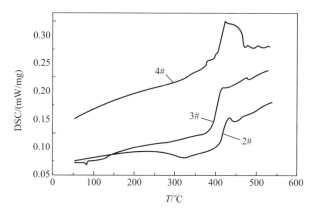

图 4-1 Al$_2$O$_3$ 含量为 10%（物质的量）玻璃样品的 DSC 曲线

图 4-2 是 Al$_2$O$_3$ 含量不同时玻璃的 T_g 点变化曲线。由图 4-2 可以看出在 Li$_2$O/B$_2$O$_3$ 比值不变时随着 Al$_2$O$_3$ 的量逐渐增加玻璃的 T_g 点是在逐渐增加的。一方面是 Al$_2$O$_3$ 能增加玻璃的 T_g 点，另一方面是由于碱金属含量逐

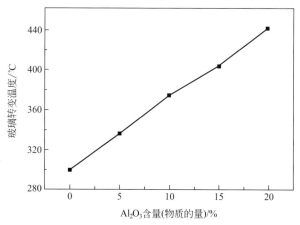

图 4-2 Li$_2$O/B$_2$O$_3$＝0.11 时随着 Al$_2$O$_3$ 含量不同玻璃的 T_g 点变化

渐减少，降低了对玻璃的助熔作用。

玻璃的热膨胀系数取决于玻璃结构的连接性，热膨胀主要受硼酸盐玻璃中阳离子与非桥氧之间的相互作用。在 $Li_2O-Al_2O_3-B_2O_3$ 系统玻璃中阳离子 Li^+ 不能在硼酸盐链之间形成交联，而 Al^{3+} 带有 3 个电荷，能促进离子之间的交联。

（2）玻璃的结构分析　图 4-3 为样品的 X-射线衍射分析结果，表现出典型的非晶态物质特征性晕圈图案，表明该系统玻璃的成玻性能良好，成玻范围较宽。

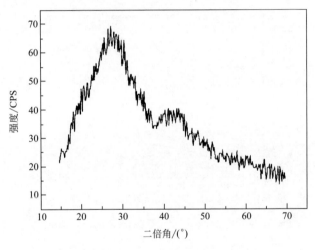

图 4-3　Al_2O_3 含量为 10%（物质的量）样品的 XRD

图 4-4 为 Al_2O_3 含量不同时样品的 FT-IR 谱图。图中 1310cm^{-1} 左右和 1120cm^{-1} 左右的吸收峰是由 B—O 键产生的，470cm^{-1} 左右和 740cm^{-1} 左右的吸收峰是由 Al—O 键产生的，3000~3500cm^{-1} 处有一个较宽的吸收峰，这是由于玻璃中吸收的分子水所致。随着 Al_2O_3 含量的增加 470cm^{-1} 左右的吸收峰（[AlO$_6$] 对应的）增强，在 740cm^{-1} 左右的吸收峰（[AlO$_4$] 对应的）也是先增强后减弱，在氧化铝含量较少时主要以 [AlO$_4$] 为主，是网络形成体，氧化铝含量增加后，[AlO$_6$] 为主，是网络外体。随着 Al_2O_3 含量的增加，B—O 吸收峰先减弱后增强，说明玻璃中存在着"硼反常"现象。

B_2O_3 对形成玻璃的影响取决于两个方面：① [BO$_3$] 三角体是不对称的，而且尽管玻璃态 B_2O_3 的结构比较弱，但是 [BO$_3$] 原子团的重排还是需要较大的活化能的；② [BO$_3$] 三角体和 [SiO$_4$] 四面体混合一起参加玻

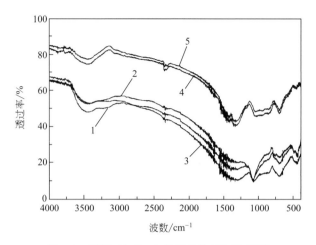

图 4-4 不同 Al_2O_3 含量样品的 FT-IR 谱图

璃结构，重新组合进行得很缓慢，这需要断裂主要化学键。硼酐在玻璃中是作为助熔剂出现的。可解释为：［BO_3］原子团是由 B^{3+} 离子于中心的三角体所组成的，这些三角体并不能使玻璃结构具有像［SiO_4］原子团那样的强度，因为［SiO_4］的价键分布于三度空间，而不是二度空间。在高温范围内，熔化温度低的 B_2O_3，由于它削弱玻璃的结构，使玻璃具有易熔的性能。要研究实用型的 $Li_2O\text{-}Al_2O_3\text{-}B_2O_3$ 系统低熔点玻璃，从结构的微观角度分析玻璃的结构和性能之间的关系。固体 NMR 研究表明，最有用的玻璃组成具有［BO_4］、［AlO_4］等四面体为主的结构。对于 $Li_2O\text{-}Al_2O_3\text{-}B_2O_3$ 系统玻璃而言，可能同时含有这两种四面体结构。

3. 结论

（1）以 Li_2CO_3、$Al(OH)_3$、H_3BO_3 为主要原料，采用熔融急冷法可制备 $Li_2O\text{-}Al_2O_3\text{-}B_2O_3$ 系统低熔点玻璃。

（2）通过对玻璃样品的转变温度（T_g）、X-射线衍射以及傅里叶红外光谱的测试可以得出玻璃样品的 T_g 点较低、成玻范围较宽、玻璃中硼含有［BO_3］四面体和［BO_4］三角体两种结构基团，铝有［AlO_4］四面体和［AlO_6］八面体两种结构基团。

（3）通过傅里叶红外光谱的测试分析 B—O 键、Al—O 键、［BO_3］、［BO_4］、［AlO_4］、［AlO_6］等特征吸收峰（带）。在玻璃中随着 B_2O_3 含量的变化，硼具有"硼反常"现象。

第五章
硼酸

Chapter 05

本章所指硼酸包含原硼酸、偏硼酸、焦硼酸等专用硼酸及磷酸硼等。

一、 硼酸的理化性质

H_2BO_3，相对分子质量 61.83。白色粉末状结晶或三斜轴面的鳞片状带光泽结晶。有滑腻手感。无臭味，溶于水、乙醇、甘油、醚类及香精油中，在水中的溶解度随温度升高而增大，在无机酸中的溶解度要比在水中的溶解度小。微溶于丙酮。水溶液呈弱酸性。加热至 $70\sim100℃$ 时逐渐生成偏硼酸，$150\sim160℃$ 时成焦硼酸，$300℃$ 时成硼酸酐（B_2O_3）。易与醇类形成酯，例如和甲醇反应就生成有挥发性的 $B(OCH_3)_3$。水溶液呈弱酸性，但和多元醇之间，尤其是可与顺式结构位置上带两个羟基的醇形成酯型配位离子。水溶液有弱的杀菌能力，如少量内服时呈现出和缓的生理作用，大量服用可引起休克影响到神经中枢（致死量：成年人约 20g，幼儿约 5g）。

二、 硼酸的生产方法

硼酸的生产方法随原料的品种而异，其加工方法除酸解（硫酸、盐酸、硝酸）矿石外，还有硫酸硼砂法、碳氨法、多硼酸钠法、电解电渗析法、溶剂萃取法、蒸汽分馏法、离子交换法、浮选法等。

世界上能供制取硼酸的硼矿资源主要有斜方硼砂矿、硬硼钙石矿和硼镁矿。

（1）硫酸法加工斜方硼砂矿（见图 5-1） 斜方硼砂矿主要成分是 $Na_2O \cdot 2B_2O_3 \cdot 4H_2O$。将矿石破碎到一定粒度，用热母液和硫酸进行酸解，发生下列反应，生成副产硫酸钠。

$$Na_2O \cdot 2B_2O_3 \cdot 4H_2O + H_2SO_4 + H_2O \longrightarrow 4H_3BO_3 + Na_2SO_4$$

（2）硫酸法加工硬硼钙石矿 硬硼钙石矿主要成分为 $2CaO \cdot 3B_2O_3 \cdot$

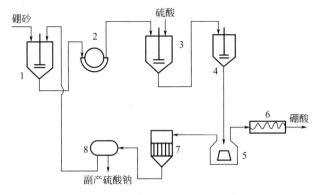

图 5-1　硼砂硫酸法制取硼酸生产流程图

1—溶解罐；2—过滤机；3—中和罐；4—结晶器；5—离心机；6—干燥机；7—蒸发器；8—过滤槽

$5H_2O$。将矿石碾磨成微细末，与稀释的母液和硫酸在约 90℃下反应，反应式如下：

$$2CaO \cdot 3B_2O_3 \cdot 5H_2O + 2H_2SO_4 + 2H_2O \longrightarrow 6H_3BO_3 + 2CaSO_4 \downarrow$$

（3）硫酸法加工硼镁矿（见图 5-2）　硼镁矿主要成分是 $2MgO \cdot B_2O_3 \cdot H_2O$。

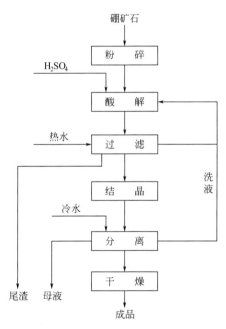

图 5-2　硫酸法制取硼酸工艺流程图

用硫酸分解硼镁矿粉生成硼酸，副产硫酸镁。反应式如下：

$$2MgO \cdot B_2O_3 \cdot H_2O + 2H_2SO_4 \longrightarrow 2H_3BO_3 + 2MgSO_4$$

硫酸法加工硼矿石的优点是矿石不经焙烧，粉碎后可直接使用，工艺技术成熟，流程简单。缺点是需用大量的硫酸为原料，设备腐蚀严重。三种矿石对比，硼镁矿加工难度最大，对其品位要求较高。这个所谓生产硼酸的一步法母液可采用适宜的镁硼（硫酸镁和硼酸）分离方法，提取硼镁肥和硼酸。

（4）盐酸法加工硼镁矿　将矿粉用母液和水调配至适当浓度后，用盐酸酸解，生成含有硼酸和氯化镁的溶液。由于硼酸在氯化镁溶液中溶解度较小，故将溶液冷却，使温度降低至 0～5℃，析出硼酸结晶，经离心分离、干燥即为成品。所得氯化镁母液可供综合利用。

此法的优点是矿石可以不经焙烧，粉碎后直接分解，分解率较高；工艺流程简单；原料盐酸来源丰富。缺点是矿石品位要求高，设备腐蚀严重，母液尚无合理利用途径，排污困难。所以工业生产中很少采用。

（5）碳氨法加工硼镁矿　用碳酸氢铵分解经过焙烧的硼镁矿生成硼酸铵。硼酸铵受热逸出氨，最终生成硼酸。氨水碳化生成碳酸氢铵循环使用。见图 5-3。

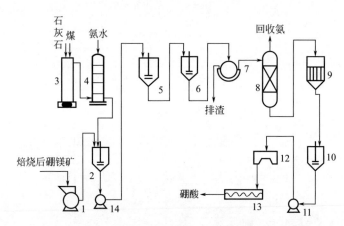

图 5-3　碳氨法制取硼酸生产流程示意图

1—粉碎机；2—配产罐；3—石灰窑；4—碳化塔；5—浸取釜；

6—料浆罐；7—过滤机；8—蒸氨塔；9—蒸发器10—结晶器；

11，14—泵；12—离心机；13—干燥器

碳氨法的优点是不消耗酸，氨在反应中作为二氧化碳的载体，理论上不消耗，可循环使用。对设备的腐蚀也比酸法小。缺点是流程较复杂，能耗大。

（6）多硼酸钠法（见图 5-4）　将硼镁矿焙烧粉碎成一定细度，按照低

于理论量的配碱比与纯碱溶液配成适当液固比的料浆，在一定温度、压力下进行碳酸化，得到多硼酸钠溶液加入硫酸中和，经冷却结晶、分离、干燥而得硼酸。母液蒸浓，趁热提取分离副产品硫酸钠。反应式为：

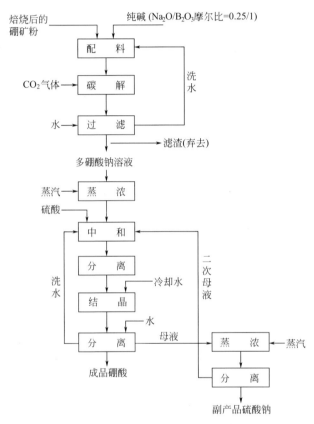

图 5-4　多硼酸钠法制取硼酸工艺流程图

$$x(2MgO \cdot B_2O_3 \cdot H_2O) + Na_2CO_3 + 2xCO_2 \longrightarrow$$
$$Na_2O \cdot xB_2O_3 + 2xMgCO_3 + 2xH_2O)$$

通常 $x = 3.5 \sim 4.5$，则：

$$Na_2O \cdot (3.5 \sim 4.5)B_2O_3 + H_2SO_4 + (9.5 \sim 12.5)H_2O \longrightarrow$$
$$(7 \sim 9)H_3BO_3 + Na_2SO_4$$

多硼酸钠法的优点是对硼镁矿粉进行碳解，从而耗酸量比酸法节约50%以上；在碳解过程中加入一定量碱，可控制 Mg^{2+}、Ca^{2+} 等离子转入液相，为分离过程创造了良好的条件。但此法能耗偏高，目前较少采用。

（7）磷酸法　工业硼砂与磷酸反应生成硼酸，副产六偏磷酸钠。

（8）硝酸法　工业硼砂与硝酸反应生成硼酸，副产硝酸钠。

第六章
硼酸盐抗粉化剂

Chapter 06

一、 硼酸盐抗粉化剂简介

硼酸盐抗粉化剂（钙硅硼晶体化合物）是近年来新开发的品种。特别是在钢的冶炼上，它是重要的添加剂。

日本、美国及原苏联等国在冶金工业中大量应用这个产品。以炼钢为例、在不锈钢、特种钢及普通钢炼制过程中，其炉渣是以氧化物为主要成分的多组分熔体。它是金属提炼和精炼过程的重要产物之一。

炉渣在金属的冶炼过程中分别起分离或吸收杂质、除去粗金属中有害成分、富集有用的金属氧化物及精炼金属的作用。在电炉冶炼中炉渣还起电阻发热的作用。炉渣的主要成分为 C_2S、$2CaO \cdot SiO_2$，有四种晶型。

硼酸盐抗粉化剂（钙硅硼晶体化合物）就是使在炼钢中防止炉渣由 α 型向 γ 晶型转变，使其成为 β 晶型，从而使炉渣不粉化，保证了冶炼的正常进行和冶炼产品的质量，提高了金属的回收率，对保障冶炼的各项技术经济指标方面起到了决定性的作用。

从合金化的角度，我国目前特种合金钢都是用硼铁炼制，价格昂贵、能耗高、而用这种钙硅硼晶体化合物在冶炼时解决炉渣粉化的同时可探索硼钢合金化的可行性。

硼酸盐抗粉化剂（钙硅硼晶体化合物）开发和研制填补了国内空白，为我国增加了一个硼化物新品种，进一步扩大了硼化物的应用领域。

二、 硼酸盐抗粉化剂应用方法

1. 添加方法

因本产品易熔化于炉渣中，所以只添加 1% 就有效（根据炉渣组成成分、温度、搅拌情况等有变动），而且不需要特别的器具，往所定的铁水包或炉渣锅内投料即可。

2. 实例

（1）炉渣对象　电炉炉渣（钢种：普通钢、特种钢、不锈钢）。

（2）添加分配法　出钢后铁水包内占50％，排渣时炉渣流占50％。

三、 硼酸盐抗粉化剂合成工艺

硼酸盐抗粉剂（钙硅硼晶体化合物）合成关键步骤为中间产物硼酸钙合成，这种硼酸钙再经晶体化改性成为产品。硼酸钙合成法分三种：

① 硼酸盐同石灰乳反应制取；

② 碳氨法制取硼酸中间产生五硼酸铵同石灰乳反应；

③ 多硼酸钠法即多硼酸钠同石灰乳反应。

本研制工艺路线的选择是立足于现有的硼酸、硼砂企业的条件，本着节约投资，成本低、能源耗量低的原则目前先采用以下第④条路线。

④ 硼酸、硼砂加硅化物、钙化物在高温下反应：

$$H_3BO_3 + Na_2B_4O_7 \cdot 10H_2O + 硅化物 + 钙化物 \longrightarrow 硼酸盐抗化剂$$

a. 产品质量标准及经济技术指标。

硼酸盐抗粉化剂（钙硅硼晶体化合物）化学组成（％）

B_2O_3	CaO	SiO_2	Na_2O
30.5	29.5	26.0	8.5

b. 外观。浅绿色固体结晶（加入适量的着色剂中）。

c. 熔点。1000℃左右。

d. 粒度。砂粒状，产品无毒。

e. 反应性。呈碱性。

f. 工艺过程。所用几种固体粉末原料助熔着色剂按照规定的配料比首先在混料机中进行充分混合后加入到坩埚中进行热加工，出来的熟料放到水处理沉降槽中经水处理沉降。干燥后送至破碎机，按照要求的粒度进行破碎后，在包装机中进行成品包装后送至库房。其工艺流程如图6-1所示。

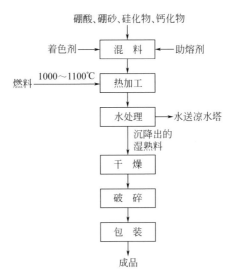

图6-1　硼酸盐抗粉化剂生产工艺流程图

三氟化硼与氟离子结合形成氟硼酸盐离子（BF_4^-）。

从广义上说，氟硼酸盐这个名称指的是一类硼酸盐化合物，硼酸盐中的一个或几个氧已被氟所取代。严格地说，氟硼酸离子是指 BF_4^- 离子，是由四氟硼酸（HBF_4）所衍生的。许多其他氟硼酸根只以盐的形式存在。

第一节　氟硼酸钠等的理化性质、合成工艺与用途

一、氟硼酸钠

1. 理化性质

俗名氟硼酸钠，分子式 $NaBF_4$，相对分子质量 109.82。

白色或无色结晶，无水时为透明的直角形棱晶，其尖端钝缺。在绝对干燥时，氟硼酸钠不腐蚀玻璃。易溶于水，微溶于醇。遇硫酸分解。氟硼酸钠熔点 406℃（分解），密度（20℃）2.47g/cm³。有毒。其最高容许浓度2.5mg/m³。

2. 合成工艺

（1）生产方法　制取氟硼酸钠有多种方法。三氟化硼和氟化钠直接化合；氟硼酸和氟化钠作用；氟化钠与硼酸和氢氟酸反应；硼酸、盐酸和氟化钠反应；氟硼酸和氢氧化钠或碳酸钠反应等。现介绍后一种方法。

（2）基本原理　硼酸和氢氟酸先制取氟硼酸，再加碳酸钠中和而得，其反应方程式如下：

$$HBF_4 + Na_2CO_3 \longrightarrow NaBF_4 + CO_2 + H_2O$$

（3）工艺过程　在氟化釜中，让氢氟酸和硼酸在 40℃下反应 2h 制得的氟硼酸进入中和罐，在搅拌和冷却下缓慢加入纯碱，控制反应温度不超过

35℃。在反应过程中，放出大量的二氧化碳气体，注意掌握加料速度，中和到规定的酸度后，再反应30min，中和液经蒸浓，在25~30℃下进行结晶分离，洗涤干燥便得产品。分离的母液及洗水返回蒸浓工序循环。

3. 用途

纺织印染工业中用于中长纤维素织物的2D树脂整理催化剂，用于非铁金属的精炼，作铝和镁合金铸造时的砂粒剂。电化学处理，涂料，氟化剂以及用作化学试剂等。

二、 氟硼酸钾

1. 理化性质

俗名 硼氟化钾，分子式KBF_4，相对分子质量125.91。

白色粉末状或凝胶状结晶体，无吸湿性，味苦，从水溶液中结晶可得六面棱晶体。微溶于水及热乙醇中，不溶于冷乙醇中。熔点530℃，在熔融时开始分解。能被硫酸等强酸分解生成三氟化硼。与碱金属碳酸盐熔融时，生成氟化物和硼酸盐，氟硼酸钾密度$2.498g/cm^3$。有毒。

2. 合成工艺

氟硼酸钾的制取方法：①氟硼酸用碳酸钾中和法，也可用硼酸或硼砂与氢氟酸作用先制取氟硼酸，再与氢氧化钾反应而得；②氟硅酸法。是将氨水加入氟硅酸钾中，然后与硼酸及盐酸反应而得。也可用氟硅酸与硼酸作用，先制得氟硼酸再用碳酸钾或氢氧化钾中和而得。也有将氟硅酸钾溶液先用氨水或氢氧化钾脱硅再同硼酸作用制取。

有文献报道，提出用HBF_4与KF反应制备KBF_4。

在氟塑料反应器中加入$40\%HBF_4$水溶液．将反应器放入一定温度的恒温水浴中，然后加入$40\%KF$水溶液。在不断搅拌下进行反应。反应结束后冷却反应混合物，抽滤、洗涤，最后于100~130℃干燥。收率98.7%，纯度99.55%（采用沉淀滴定法）。

反应方程式：$HBF_4 + KF \longrightarrow KBF_4 + HF$

多氟多化工股份有限公司研究所为解决传统工艺存在的成本高、原料紧俏、质量差、工艺落后等缺点，对原材料、工艺路线、生产设备等方面进行深入细致的研究，选用合适的原料和先进的生产设备，确定最佳的工艺路线，生产出成本低、质量达到国标一级品的氟硼酸钾，工艺流程见图7-1。

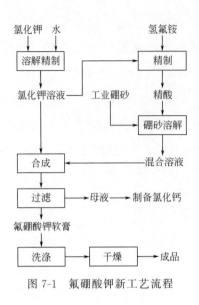

图 7-1 氟硼酸钾新工艺流程

采用先进设备，自动化水平提高，减轻了工人劳动强度，提高了劳动生产率。

总原材料成本低的优势使得公司的氟硼酸钾具有极大的市场竞争力；氢氧化钾的生产消耗大量的电能，属于高能耗产业，以氢氧化钾生产氟硼酸钾，间接地消耗了大量的电能。以氯化钾代替氢氧化钾，相当于节约了大量的电能，符合国家发展低能耗的产业政策。

氟硼酸钾新工艺，具有成本低，质量好，工艺合理，设备先进，环境污染小的优点。

3. 用途

用作热焊和铜焊的助熔剂，铝镁浇铸生产硼合金的原料，热固树脂磨轮的磨料。在熔接和熔合银、金、不锈钢等时，能提净轻金属的渣滓。制三氟化硼和其他氟盐的原料。也用于化学过程和试剂。

三、 氟硼酸铵

1. 理化性质

俗名氟硼酸铵，分子式 NH_4BF_4，相对分子质量 104.86。

是一种清亮的晶体或长针状无色结晶体。强烈加热时即升华。溶于水，溶液呈酸性。不溶于醇。氟硼酸铵热至 100℃ 以上时分解。熔点 487℃（分解）。密度（15℃）1.871g/cm³。有毒。

2. 合成工艺

氟硼酸铵的制取方法有：氟硼酸和氟化铵反应；氟硅酸铵和硼酸反应；氢氟酸和氮化硼反应；氟化氢铵和硼酸共热成熔块，粉碎，溶解后提取等。还有一种方法就是由氢氟酸和硼酸制得氟硼酸里介绍的是氟硼酸、氨气中和法。

（1）基本原理 用氢氟酸和硼酸制取的氟硼酸铵。再用碳酸铵或氨气中和而得。这用氨气中和，反应后生成氟硼酸：

$$HBF_4 + NH_3 \longrightarrow NH_4BF_4$$

（2）工艺过程　氢氟酸和硼酸在氟化釜中，在 40℃温度下经过 2h 的反应制得氟硼酸溶液，再送入氨化釜中通氨中和，用流量计测定通入量。反应过程中放出大量的热，釜外设置冰浴冷却。应经常测定氨化温度，同时调整通气量。当温度达到要求的范围时，停止通氨，使反应液冷却到 25～28℃进行结晶分离。余液进行蒸发浓缩、冷却、结晶提取氟硼酸铵。分离出的母液在流程中循环使用。湿结晶物用总重量的 5％洗水量进行洗涤后，在 80℃下进行干燥便得产品。

3. 用途

在纺织印染工业中用作树脂整理催化剂，作为气体助燃剂，以提供惰性气体。又可用作为铝或铜焊接助熔剂，镁铸件防氧化添加剂，树脂粘接剂制造中的催化剂。还可用作阻燃剂以及化学试剂等。

第二节　氟硼酸铜等

一、氟硼酸铜

1. 理化性质

俗名硼氟化铜，分子式 $Cu(BF_4)_2$，相对分子质量 237.15。

固体氟硼酸铜为一种光亮蓝色针状结晶，具有吸湿性，极易溶于水，水溶液相对密度 1.50～1.54，pH 值 1～2，微溶于酒精或乙醚。它容易与水和氨形成配合物，因此制备无水盐很困难。较典型的化合物为四水物和六水物。该化合物的结合形式为水合铜氟酸硼，六水氟硼酸铜的相对密度 2.175，加热时于 40℃左右可分解成为 $BF_3 \cdot CuF_2$ 和 H_2O。在室温和真空条件下，则能分解成四水物。两种水合物都具有强吸湿性，只有长时间用 P_2O_5 干燥时，才能逐渐脱去结晶水。本品有毒。

2. 合成工艺

氟硼酸铜的制造方法有碳酸铜法，即用氟硼酸与碳酸铜或铜氧化物反应；另外可用硫酸铜与氟硼酸钡 $[Ba(BF_4)_2]$ 进行反应后蒸浓而得。这里介绍的是碳酸铜法。

（1）基本原理　过量的碱式碳酸铜与氟硼酸作用，其反应方程式如下

$$HBF_4 + Cu_2(OH)_2CO_3 = Cu(BF_4)_2 + H_2O + CO_2 \uparrow$$

（2）工艺过程　将 210kg 的 HBF_4（40％）于涂塑铁方盘中，在搅拌下

加入碱式碳酸铜 63～65kg，同时加热使生成的 CO_2 完全逸出。然后过滤除去未反应的过量碱式碳酸铜，再在涂塑铁蒸发器中将溶液蒸浓至原体积的 1/10，即得成品。

3. 用途

用于高速镀铜、印染、印刷用辊电镀用的电解质。

二、 氟硼酸亚锡

1. 理化性质

俗名氟硼酸锡，分子式 $Sn(BF_4)_2$，相对分子质量 292.22。

为无色透明液体，相对密度 20℃时为 1.65。在水溶液中含一定量游离酸时呈酸性，受潮易分解，遇水也易分解。长期暴露在空气中易被氧化。固体为白色 $[Sn(BF_4)_2 \cdot xH_2O]$。纯品呈微碱性。$Sn(BF_4)_2 \cdot SnF_2 \cdot 5H_2O$ 可由溶液中结晶出来。氟硼酸亚锡有毒，有腐蚀性。

2. 合成工艺

（1）生产方法　氟硼酸亚锡的制造方法有电解法，是以锡片做阳极，在含有 42% 的 HBF_4 和 3% H_3BO_3 的电解液中，在电解温度 38℃下进行电解，可得到含量为 75% 的氟硼酸亚锡溶液；另外两种方法：一是用金属锡还原氟硼酸铜可得到氟硼酸亚锡；二是用金属锡或二氧化锡同氟硼酸反应。这里介绍的是金属锡同氟硼酸反应制取氟硼酸亚锡的方法。

（2）基本原理　熔融的锡块冷却后所成的锡花，具有强烈的反应活性，易同氟硼酸作用，其反应方程式如下：

$$Sn + 2HBF_4 = Sn(BF_4)_2 + H_2 \uparrow$$

（3）工艺过程　把锡锭制成小块，在电炉上熔烧，然后将其倒入冷水中，使成锡片，捞出倒入反应器中，再加入氟硼酸，通入压缩空气使其反应，将反应液过滤除去杂质后便得成品。

3. 用途

用作电镀液组成物。

三、 氟硼酸铅

1. 理化性质

俗名硼氟化铅，分子式 $Pb(BF_4)_2$，相对分子质量 380.85。

本品是电镀用的氟硼酸铅溶液，为无色或接近无色的清亮透明的水溶液，无嗅，不挥发。相对密度 1.7~1.74。有毒。

2. 合成工艺

（1）生产方法　氟硼酸铅的制造方法有电解法，以铅片作阳极，在含有 42% 的氟硼酸和 3% H_3BO_3 的电解液中，在电解槽温度 38℃ 下进行电解，便可得到含量为 75% 的氟硼酸铅溶液。化学法使用氧化铅或碳酸铅与氟硼酸作用而得。这里介绍的是氧化铅、氟硼酸法。

（2）基本原理　氟硼酸与氧化铅反应，直接制得氟硼酸铅，其反应方程式如下：

$$PbO + 2HBF_4 \longrightarrow Pb(BF_4)_2 + H_2O$$

（3）工艺过程　在反应槽中首先加入制备好的氟硼酸，在搅拌下慢慢加入氧化铅，经过滤除去不溶性杂质，得到氟硼酸铅溶液成品。

3. 用途

用作电镀液组成物。

四、 氟硼酸锌

1. 理化性质

俗名硼氟化锌，分子式 $Zn(BF_4)_2 \cdot 6H_2O$，相对分子质量 347.17。

无色结晶、易潮湿、能溶于水及醇。相对密度 2.120，60℃ 失去结晶水，其水溶液有刺激性和腐蚀性。产品有毒。

2. 合成工艺

（1）生产方法　氟硼酸锌制取方法一般用氟硼酸与碳酸锌、碱式碳酸锌，金属锌及氧化锌反应而得。这里介绍的是氟硼酸、碳酸锌法。

（2）基本原理　将制好的氟硼酸用碳酸锌进行中和反应后，除去杂质则得。其反应方程式如下：

$$2HBF_4 + ZnCO_3 \longrightarrow Zn(BF_4)_2 + CO_2 + H_2O$$

（3）工艺过程　在内壁涂有塑料的反应罐中，加入 40% 浓度的氢氟酸，在搅拌下加入硼酸，使其全部溶解，在溶解过程中产生大量的热。所以应用冷水（或冰）进行冷却，防止溶液过热而使氢氟酸气体逸出。待硼酸全部溶解后，检查反应是否到达终点，可用硝酸铅取小样试验，若无白色沉淀，证明溶液已反应完毕。否则需补加硼酸，其配料比为 150L 加入 45kg 硼酸，静置 24h 后，在搅拌下加入 70kg 碳酸锌，温度保持在 70~80℃，反应过程

中有大量的 CO_2 泡沫，应防溅出。在碳酸锌加完后，控制溶液的 pH 值 3～4，再将溶液静置 1～2h 后，在吸滤器中进行真空过滤，以除去少量的碱式碳酸锌。氟硼酸锌的滤液在 60～70℃温度下进行减压蒸馏到溶液中有白色结晶检出为止，得到粗产品 105kg。母液继续蒸馏进行回收。粗氟硼酸锌经干燥后得到 100kg 产品。

3. 用途

在耐洗耐磨纺织品中作树脂固化剂。

五、 氟硼酸镍

1. 理化性质

又称氟硼酸镍，分子式 $Ni(BF_4)_2 \cdot 6H_2O$，相对分子质量 340.39。晶体，易溶于水及酸。122℃分解。相对密度 2.685。

2. 合成工艺

$$Ni(CO_3)_2 + 2HBF_4 \longrightarrow Ni(BF_4)_2 + CO_2 + H_2O$$

将碳酸镍溶解于 40% 浓度氟硼酸中，经过滤除去杂质后，滤液结晶得六水氯硼酸镍固体产品。

3. 用途

电镀，有色金属表面处理及有机合成催化剂。

六、 氟硼酸锂

1. 理化性质

分子式 $LiBF_4$；相对分子质量 93.75。

白色粉末或凝胶状结晶。有吸湿性。具有腐蚀性，有毒。不能与强酸混放，分解后成为一氧化碳、二氧化碳、氢氟酸。

2. 合成工艺

用碳酸锂或氢氧化锂和氟硼酸中和反应便可制取。

随着锂电池用途的日益广泛，对锂电池电解质的研究工作也就显得特别重要。四氟硼酸锂是一种性能优良的锂电池电解质，国外对其制备方法已有过报道，但对其热分解过程的研究却报道不多，据有关文献资料介绍，四氟硼酸锂有两种结晶水合物：$LiBF_4 \cdot H_2O$ 和 $LiBF_4 \cdot 3H_2O$。

3. 用途

用于电化学过程和试剂。

第八章
硼酸盐晶须

Chapter 08

第一节　总论

晶须是指以单晶形式生长成的具有一定长径比的一类纤维材料，由于其直径小，原子高度有序，强度接近于完整晶体的理论值，因而具有优良的耐高温、耐腐蚀性，有良好的机械强度、电绝缘性且具量轻、强度高、弹性模量高、硬度高等特点，作为塑料、金属、陶瓷等的改性增强材料时有极佳的物理、化学性能和优异的机械性能。

自 20 世纪 80 年代初期开始，我国重点对碳化硅、氧化铝、氮化硅等晶须进行研究，取得了突破性的进展；这些晶须性能优异，但价格昂贵，只能用于一些特殊的场合。90 年代以后，人们开发出了镁系列、钙系列、硼系列晶须材料，由于其原料价廉易得、合成条件温和、环境友好等原因而备受关注和青睐。近几年，国内中科院青海盐湖研究所李武和他的团队对硼酸镁和硼酸铝等硼系列晶须研究较多，先后立项生产，取得了较好的效益。在硼酸镍晶须的研究和开发方面，日本走在了前列，国内尚未有报道。本节主要介绍硼酸铝、硼酸镁和硼酸镍晶须的研究进展。

晶须是以无机物（金属、氧化物、碳化物、卤化物、氮化物、无机盐类、石墨等）和有机聚合物等中的可结晶物为原材料，通过人为控制，以单晶形式生长的形状类似于短纤维，而尺寸远小于短纤维的须状单晶体。由于晶须在结晶时原子结构排列高度有序，使其内部存在的缺陷很少，因而它的强度接近于材料原子间价键的理论强度，远超过目前大量使用的各种增强剂。

晶须的工业化虽已有近 40 年的历史，但它被大量应用却较晚，以 20 世纪 80 年代相对廉价的钛酸钾晶须在日本的问世为标志。随后相继开发了硫酸钙、碳酸钙、硼酸铝、氧化锌等晶须。虽然到目前为止，已合成约近百种晶须，但投入工业化生产的仅有碳化硅、氮化硅、氧化铝、钛酸钾、碳酸钙、硫酸钙、氧化锌等少量品种。

晶须可分为有机晶须和无机晶须两大类。其中，有机晶须主要有纤维素晶须、聚丙烯酸丁酯-苯乙烯晶须、聚 4-羟基苯甲酸酯等几种类型，在聚合物中的应用较多。无机晶须主要包括陶瓷质晶须、无机盐晶须和金属晶须，如 $Si-N_4$ 晶须、莫来石晶须、硼酸铝晶须、ZnO 晶须、MgO 晶须、TiO 晶须等，其中在聚合物中应用较多的应属前两类，金属晶须主要用于金属基复合材料中。

晶须的特性如下。

（1）机械强度高　晶须作为细微的单晶体，内部结构十分完整。具有非常坚韧的性质。其抗张强度为玻璃纤维的 5～10 倍，比硼纤维有更好的韧性。

（2）承受较大应变　晶须能弹性地承受较大的应变而无永久变形。试验证明：晶须经过 4% 的应变还在弹性范围内，不产生永久形变而块状晶体的弹性变形范围却小于 0.1%。

（3）晶须的高温强度损失很小　晶须不存在引起滑移的不完整性，温度升高时，晶须强度几乎没有损失。

（4）晶须具有较大的长径比　晶须的横断面多具有六角形、斜方形、三角形或薄带形，不同于玻纤和硼纤维的圆形横断面，大大增加了长径比。从镁盐晶须扫描电镜照片可以看出其长径比都在 30 以上。能够满足增强塑料对长径比（大于 30∶1）的要求，使复合材料获得很高的强度。

（5）晶须无疲劳效应　晶须没有明显的疲劳特征，即使被切断、被磨成粉，其强度也不受损失。

（6）晶须具有显微增强性能　晶须尺寸细微。不影响复合材料成型流动性，接近于无填充物的树脂。晶须可以在高分子基体中分布得很均匀。可以使极薄、极狭小甚至边角部位都能得到增强填充。适合于制作精密的增强工程塑料零部件及超薄壁的零部件，甚至可以作成 $20\mu m$ 的超薄壁部件。

（7）优良的表面平滑性及高的尺寸精度和稳定性　用晶须填充增强的工程塑料部件膨胀系数及成型收缩率小，有极高的尺寸精度和光洁平滑的表面，远远超过碳纤维和玻纤增强制品。

（8）增强复合材料再生循环使用性能好　用晶须增强的复合材料有良好

的重复使用性。试验表明：添加晶须的复合材料经多次加工，热稳定性好，力学性能下降不大，再生循环使用性能好。

晶须是指在人工控制条件下以单晶形式生长成的一种纤维，其直径非常小（微米数量级），不含有通常材料中存在的缺陷（晶界、位错、空穴等），其原子排列高度有序，因而其强度接近于完整晶体的理论值。由于用晶须增强的复合材料具有达到高强度的潜力，因此晶须的研究和开发受到了高度重视。虽然 20 世纪 60 年代已开发了近百种不同材料晶须的实验品，但是由于技术复杂，价格高昂，很少有实用价值。1975 年从稻壳制备 β-SiC 晶须，为工业生产打开局面。20 世纪 80 年代后，SiC 晶须实现了大规模生产，又开发了 SiC 晶须的金属基、陶瓷基、树脂基的复合材料，发展了 Al_2O_3、Si_3N_4、K_2O、TlO_2、TiN、TiB_2、Zn-Ni 等晶须新品种，晶须材料得到进一步发展。

晶须是以晶体形式生长的具有一定长径比的一类纤维材料，由于其直径小（微米级或纳米级）并具有高度取向结构，不仅具有高强度、高硬度、高弹性模量、高伸长率、轻量、耐高温、耐高热、耐腐蚀等性能，而且在光、电、磁、介电、导电、超导等方面具有优异性能。在航空航天、交通运输、塑料、化工、冶金、机械、石油、电子、国防等领域得到越来越广泛的应用。

第二节　硼酸铝晶须

一、　硼酸铝晶须的理化性质与用途

晶须是一种纤维状的微细结晶纤维，具有长径比大、无晶粒（边）界、缺陷数小于多晶的特点。目前晶须的品种有许多，硼酸铝晶须就是其中的一种，性能优良、相对造价低，应用前景非常广阔。

1. 硼酸铝晶须的种类和理化性质

硼酸铝晶须的组成式为 $x Al_2O_3 \cdot y B_2O_3$。它的种类较多，但常见的 3 种形态是 $9Al_2O_3 \cdot 2B_2O_3$，$2Al_2O_3 \cdot B_2O_3$ 和 $Al_2O_3 \cdot B_2O_3$。$Al_2O_3 \cdot B_2O_3$ 存在于天然矿物中，$9Al_2O_3 \cdot 2B_2O_3$ 和 $2Al_2O_3 \cdot B_2O_3$ 则为人工产品。由于 $9Al_2O_3 \cdot 2B_2O_3$ 晶须的性能优异，工业化晶须主要指 $9Al_2O_3 \cdot 2B_2O_3$。

硼酸铝（$Al_{18}B_4O_{33}$）晶体结构参数如表 8-1。

表 8-1　（$Al_{18}B_4O_{33}$）晶体结构参数

晶格常数		晶须轴	C 轴
a	7.6942	直径/μm	0.3～1.0
b	15.0100	长度/μm	10～30
c	5.6689		

当然，晶须的长度和直径可随合成条件的不同而有所不同。一般来讲，其长径比不小于（10～35）。硼酸铝晶须化合物的机械性能可与 SiC，Si_3N_4 化合物相媲美，其相关的物理数据见表 8-2。

表 8-2　硼酸铝（$Al_{18}B_4O_{33}$）物理性质

物理数据项	数值	物理数据项	数值
密度/（g/cm^3）	2.93	沿纤维方向/（$10^{-6}K$）	2.6
熔点/℃	1440	铅纤维轴垂直方向/（$10^{-4}K$）	0.05～5
弹性模量/GPa	400	热导率/[$W/(cm \cdot K)$]	0.04～0.05
拉伸强度/GPa	8	热扩散系数/（cm^2/s）	0.01
莫氏硬度	7	介电常数	5.6
线膨胀系数/（$10^{-5}K$）	4.2		

硼酸铝晶须的物理数据和几乎完美的晶体结构，表明它具有优良的耐磨性、耐高温性、耐腐蚀性、电绝缘性和绝热等特性。由于硼酸铝晶须的上述优良特性和比 SiC、Si，N_4 低廉得多的价格，人们对其制备方法和应用前景进行了比较系统的研究。

硼酸铝晶须具有优良的物理性能和化学稳定性。由于晶须的尺寸极小，又是高纯材料，其内部很少甚至没有常见材料的空隙、位错、杂质等缺陷，因此其强度远高于一般尺寸的同种材料。事实上新制备的晶须，由于没有表面蚀坑、裂纹等缺陷，其强度接近晶体的理论强度。部分晶须纤维增强材料的性能列于表 8-3。

表 8-3　各种晶须性能比较表

性能	SiC(SCW)	Si_3N_4(SNW)	$K_2O \cdot 6TiO_2$	$9Al_2O_3 \cdot 2B_2O_3$	玻璃纤维
色相形状	淡绿色针状	灰白色	白色针状	白色针状	无色长纤维
直径/μm	0.05～1.5	0.1～1.6	0.2～0.5	0.2～0.5	9～13
长度/μm	5～200	5～200	10～20	10～20	
密度/（g/cm^3）	3.18	3.18	3.3	2.93	2.6
弹性模量/GPa	48.02	382.2	27.44	392	70
抗张强度/GPa	20.58	13.72	6.86	7.84	2.6
莫氏硬度	9	9	4	7	6.5
熔点/℃	2590	1900	1370	1440	
耐热性/℃	1600		1200	1200	

由表 8-3 可知：①硼酸铝晶须的弹性模量高于碳化硅晶须，和氮化硅晶

须相近，抗张强度高于钛酸钾晶须；②硼酸铝晶须细小，直径在 $0.5\sim1.0\mu m$，长度在 $10\sim30\mu m$，硼酸铝晶须的长度和玻璃纤维直径相当；③硼酸铝晶须的硬度相对碳化硅、氮化硅晶须低，与玻璃纤维相当；④硼酸铝晶须耐热性能高，与钛酸钾晶须相当；⑤硼酸铝晶须含有较高的氧化铝，与金属（特别是铝）共价性好。

硼酸铝晶须具有如下优点。

（1）白色材料便于应用　材料的颜色往往影响着它的应用，而无色或白色材料却很少或不受此限制。如目前报道用于牙科材料的晶须有碳化硅、氮化硅和硼酸铝三种，主要从色泽上考虑，适用于牙科复合树脂使用的只有硼酸铝晶须。

（2）高模量　硼酸铝晶须的模量很高，达到 $4\times10^4 kg/mm^2$，可用于许多模量要求较高的场合，如聚芳硫醚树脂聚合物用于光电唱头的传动装置时要求具有较高的模量。为此，可加入硼酸铝晶须增强材料来提高模量，从而可替代金属材料以满足使用条件。

（3）高强度　硼酸铝本身的强度虽不及碳化硅高，但用于增强聚合物时，却可大幅度提高聚合物的强度。

由此可见，硼酸铝晶须是一种高性价比的增强材料。

2. 硼酸铝晶须的主要用途

硼酸铝晶须具有良好的机械强度、弹性模量、耐热性、与金属的共价性、耐化学腐蚀、中子吸收能力及电绝缘性能强。它不仅用于绝热、耐热和耐腐材料，也可用作热塑性树脂、热固性树脂、水泥、陶瓷和金属的补强剂。

用偶联剂（如硅烷）处理硼酸铝晶须来填充工程塑料，可明显地提高工程塑料的各种机械性能。如在尼龙6、聚碳酸酯等工程塑料上的使用，使材料在强度和弹性模量上都得到提高和改善。

硼酸铝晶须不仅能提高制品的强度、耐磨、耐热等机械性能，同时还使制品具有等向性，表面平滑。因此，在一些微小复杂形状的精密零件上的应用也获得较好的效果，如在钟表、相机等上。

硼酸铝晶须还可以作金属及其合金的补强剂，尤其是金属铝及其合金。复合材料具有良好耐磨性和低热膨胀率。在循环运转部件中得到良好运用，如在汽车、压缩机等方面。硼酸铝晶须也可以作为陶瓷晶须使用，能提高制品的机械性能和耐火温度。硼酸铝晶须还可以应用在耐火阻燃涂层、电子材料、电磁波屏蔽材料等方面。

近年来，由于钛酸钾晶须在制造成本上取得了较大突破，使其价格相对低廉，加之与聚合物的复合效果较好，在晶须改性聚合物基复合材料方面已开始大量应用。而硼酸铝晶须不仅与钛酸钾晶须具有同样相对低廉的价格，其性能还比钛酸钾晶须优异。它不仅比钛酸钾晶须具有较低的密度，其弹性模量和熔点均比钛酸钾晶须高，同时硼酸铝晶须还具有较低的热膨胀系数。硼酸铝晶须的性能虽然较 SiC 晶须稍逊一筹，但比 Kevlar 纤维、碳纤维、玻璃纤维等的性能却好得多，而且硼酸铝晶须的价格与钛酸钾晶须、kevlar 纤维、碳纤维、玻璃纤维等价格相当。而 SiC 晶须、Si_3N_4 晶须的价格要高得多。用硼酸铝晶须制备的铝基复合材料在强度、模量、热膨胀方面可与 SiC、Si_3N_4 晶须增强铝基复合材料媲美，其在耐磨、减摩方面性能更好。将硼酸铝晶须加入聚合物基复合材料中，不仅可以使聚合物基复合材料的机械性能及耐磨、耐热等性能得到改善。同时还因它尺寸小，在制品中易分散均匀，使制品具有各向同性的性质，而且制品表面光滑，这使得硼酸铝晶须在这方面应用前景广阔。

二、 硼酸铝晶须的合成工艺

制备硼酸铝晶是将氧化硼和氧化铝的化合物混合均匀，按铝和硼摩尔比配，反应混合物在 700～1200℃范围内反应，缓慢冷却至室温后以水或酸进行处理后得到晶须。

制备硼酸铝晶须的方法较多，从工艺上大致可以分为气相法、熔融法、烧结法、助熔法、高温熔剂法和水热法固体粉末法等几种。

1. 气相法

气相法是利用卤化铝蒸气和氧化硼，通过水蒸气在 1000～1400℃高温下反应制取硼酸铝晶须。

2. 熔融法

熔融法是将氧化铝和氧化硼在高温下熔融、冷却生成硼酸铝晶须。熔融法又可分为内部熔融法和外部熔融法：

（1）内部熔融法　将氧化铝或者在高温下生成氯化铝的化合物与氧化硼在 1200～1400℃下反应，氧化硼同时起助熔剂的作用。最终得到硼酸铝晶须。该法能得到大尺寸的晶须，并且由于氧化硼起助熔剂的作用使生成的晶须溶解、收率降低。

（2）外部熔融法　在1000℃以上，在氧化铝和产生氧化硼的原料中加入与反应无关的助熔剂（如碱金属氧化物，硫酸盐或碳酸盐），在1000～1200℃成长为晶须，反应后用水处理，除去助熔剂，分离出晶须。此法较熔融法和气相法的反应温度低、能耗低、收率高。

Ogawa Jtmlchi等通过在1200～1600℃下加热氧化铝、氧化硼和0.1%～10%（质量分数）的氧化铁制得高长径比的硼酸铝晶须，在制备过程中Al_2O_3与B_2O_3的物质的量之比为（9～1）：（2.5～1）。由于气相法在工业生产中操作较困难，而熔融法的制备温度又太高。较难达到要求，工业生产硼酸铝晶须一般很少采用气相法和熔融法。

3. 烧结法

烧结法是将氧化铝和氧化硼的混合物在一定温度下烧结一定时间而得到硼酸铝晶须的方法。隗学礼等用含铝化合物和含硼化合物为Al：B＝（2～4.5）：1（物质的量之比，下同）时，加入20%～40%（质量分数）的硫酸盐或碱金属氯化物组成的烧结剂。在900～1300℃下反应30min～4h，然后将反应产物水解、过滤、干燥，从而制得质量良好的硼酸铝晶须。

4. 助熔法

助熔法是在供氧化铝和供氧化硼的物质中加入助熔剂来生产硼酸铝晶须，工艺流程见图8-1。

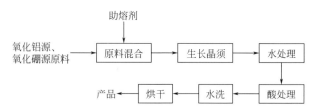

图8-1　助熔法制取硼酸铝晶须的工艺流程图

氧化铝源的成分是能够在反应中转化成氧化铝的物质，使氧化铝全部参加反应，反应完成后不残留氧化铝，可保证硼酸铝晶须的纯度。可作氧化铝源的物质有硫酸铝、硝酸铝、氯化铝、硫酸铝钠（钾）等。

氧化硼源的成分是能够在反应中转化成氧化硼的物质，可供选用的有硼酐、硼酸、四硼酸钠、焦硼酸钾等。

助熔剂用来降低系统的熔融温度。可供选用的助熔剂有许多，但必须满足以下条件：熔融时黏度低；能阻止生成的晶须分解。研究表明，助熔剂可以选用碱金属硫酸盐、卤化物、碳酸盐和硝酸盐等。

将铝源和硼源的化合物按照 $n(Al)/n(B)$ 为 $(6/4)\sim(9/2)$ 配料，并加入助熔剂。助熔剂加入量为硼、铝混合物质量的 $30\%\sim80\%$。三者粉碎、混合均匀，置于坩埚内，放入高温炉以 $2\sim50℃/min$ 的速度升到 $900\sim1200℃$，反应 $30min\sim8h$，然后冷却出料。物料用 $1mol/L$ 的盐酸煮沸，溶去助熔剂，再加水洗涤晶须，并用倾析法分离残留物，烘干后得产品。制得的 $9Al_2O_3 \cdot 2B_2O_3$ 晶须直径在 $0.5\sim5.0\mu m$，长度在 $10\sim100\mu m$。

在此法中，影响晶须的长径比的主要因素是助熔剂。助熔剂种类和用量对晶须都有直接的影响。影响晶须收率的主要因素是铝、硼的物质的量比。铝、硼物质的量比越大，晶须的收率越高，铝、硼物质的量比在 $4\sim4.5$ 时，硼酸铝晶须的收率在 $95\%\sim99\%$。

有研究认为，体系中加入一点杂质或添加剂（如镍、铅化合物等）有利于硼酸铝晶须的生成，对晶须产量的提高、长径比的提高均有益处。

5. 高温熔剂法

赵铭妹等应用高温熔剂法在 $1280\sim1320℃$ 下，氧化硼和氧化铝的配比为 $1:4.5$，熔剂加入量为 70%（质量分数）的条件下，恒温 $9h$ 反应制得硼酸铝晶须，在此最佳工艺条件下制得的晶须长径比为 $50\sim100$。他们的研究认为，反应温度、氧化硼和氧化铝的摩尔比及恒温时同为高温熔剂法制备硼酸铝晶须的主要影响因素。Wada H 等在制备硼酸铝晶须的研究中发现，在加入一定的助熔剂，$Al(OH)_3$、H_3BO_3、KCl 在 $B/Al=(1/2)\sim(3/7)$，$KCl/(Al+B)=(10/10)\sim(40/10)$ 时制备的硼酸铝晶须，质量不如当用 $Al_2(SO_4)_3$、H_3BO_3、K_2SO_4 在 $B/Al=2/8$、$K_2SO_4/(Al+B)=10/10$ 时制得的硼酸铝晶须，且后者生产过程中无副产物生成。说明在晶须的生产制备过程中，含铝化合物的种类、含硼化合物的种类、B/Al 比例及助熔剂的种类、用量等都直接影响到晶须的质量和收率。

① 在高温熔剂法制晶须过程中，反应温度、原料配比、恒温时间、熔剂 A 的加入量对晶须产率有相互制约作用，而反应温度与熔剂加入量为最显著影响因素。

② 高温熔剂法生长硼酸铝晶须的最佳工艺条件：反应温度在 $1280\sim1320℃$；氧化硼和氧化铝的配比是 $1:4.5$；恒温时间约为 $9h$，熔剂加入量为 70%。

③ 在最佳工艺条件下制得了长径比 $50\sim100$ 的硼酸铝晶须。

6. 水热法

水热法制取硼酸铝晶须首先制取硼酸铝凝胶然后对凝胶进行水热处理，工艺流程见图 8-2。

图 8-2 水热法制取硼酸铝晶须的工艺流程图

铝盐选择在水中有较大溶解度的铝盐，如硫酸铝、硝酸铝等；硼酸盐则可以选择硼酸铵、硼砂等。将它们配制成 8%～10%（质量分数）的溶液，在强力搅拌下，生成稠凝胶，并多次过滤、洗涤。将呈中性的硼酸铝的凝胶放入高压釜中，加热到 450℃，在 35MPa 下保持一定时间，然后降至室温。料浆过滤，用热水洗涤，干燥得到硼酸铝晶须。在此条件下制得晶须为 $9Al_2O_3 \cdot 2B_2O_3$，直径为 $1～5\mu m$，长度在 $20～200\mu m$，硼酸铝的收率在 96%。为了进一步增长晶须，可以在保持温度和压强 6h 后再冷却，这样所获得的晶须大部分直径在 $2～20\mu m$，长度在 $150～500\mu m$，收率达到 97%。

Ogawa juniehi 等研究由氧化铝或含铝化合物、氧化硼或含硼化合物在 Al_2O_3 与 B_2O_3 的摩尔比为（9～1）:（2.5～1）的条件下，和 0.1%～10%（质量分数）的氧化铁先制成硼酸铝凝胶颗粒，然后加热凝胶颗粒而制得硼酸铝晶须，此晶须在塑料、金属、陶瓷中的分散性良好。文献报道将铝盐和硼盐配制成 8%～10% 的浓度，在强力搅拌下生成凝胶，并通过数次过滤洗涤后，将呈中性的硼酸铝凝胶放入热压釜中，密闭加热到 450℃，同时排放过量的蒸气，压强保持在 35MPa。在此条件下保压至室温，然后将料浆过滤。用热水洗涤、干燥得到硼酸铝晶须，晶须直径 $1～5\mu m$，长度 $20～200\mu m$，收率达到 96%。

中国科学院金属所采用液相生长法，以铝盐作铝源，以硼酸作硼源，加适量催化剂，在适当配比下混合，在一定条件下进行化学反应，生成硼酸铝晶须，晶须的直径为 $1～10\mu m$，长度为 $100～300\mu m$，可以根据制备工艺条件调整晶须直径、长度。

7. 固体粉末法

固体粉末法是制备硼酸铝晶须的一种较好的新技术。因为其他方法一般都需要较高温度及一些特殊设备，给晶须制备、生产和应用造成一定困难。而本方法用普通热处理炉，在较低温度下就可以制备出硼酸铝晶须。具体方法为：在粉末原料铝粉和 B_4C 粉中加入适量催渗剂、填充剂，放入封闭的罐中，采用 5kW 电阻坩埚炉加热，升温至 950～1150℃，保温 3～4h 即可在接受板上得到晶须。

在化学热处理中，利用固体粉末法渗入金属时，会产生气相原子而渗入金属表面。本实验粉末中采用了少量的卤化物作为活化剂，当加热到一定温度时。该活化剂便与铝粉、B_4C 等物质产生金属卤化物。易于汽化产生活性铝原子与硼原子，其扩散到接受板发生反应，产生硼酸铝晶须。接受板并未与催渗剂接触，却可形成晶须，显然是催渗剂中气体通过扩散而形成晶须的。由于金属卤化物分解温度较低，因此在较低温度下形成晶须。

加热温度对晶须生长、形貌影响很大。温度低于 950℃ 不能形成晶须，这是因为催渗剂中反应不剧烈而产生活性铝、硼原子及气体量均少。根据气相沉积理论，成核速率与气体浓度有很大关系，晶须生长也是成核长大过程，气体浓度由于温度低而低，则成核率亦低甚至无法成核；温度过高，有大量硼、铝活性原子，可以高速成核。在接受板上可处处成核，反而不易长成晶须而易形成颗粒状。因此，在制备晶须时必须有合适的温度范围，且可通过控制温度来控制晶须的长短与形状。加热温度对晶须的生长与形貌有极大的影响，合适的加热温度为 950～1150℃。

三、 硼酸铝晶须的应用

不断发展的高新技术对材料使用性能的要求越来越高，在对新型复合材料的开发研究和性能改进过程中，作为重要增韧补强材料之一的晶须的研制和应用受到相当的重视。在目前研制的数种晶须中，硼酸铝晶须由于具有令人瞩目的高性价比而越来越受到人们的青睐。硼酸铝晶须的性能可与 SiC 晶须、Si_3N_4 晶须等高性能晶须相媲美，且原料便宜，仅为 SiC 晶须或 Si_3N_4 晶须价格的 1/30～1/10，制造工艺相对简单。故硼酸铝晶须应用和研究受到了众多国家重视。

日本 1987 年开始研究。1991 年建立 10t 的生产车间，1995 年就形成了 200t 的生产规模。

随后，中国科学院金属研究所也开展了研究，但没有商品化。近年来，日本已逐渐完善了硼酸铝晶须的生产，中国相关科研与生产部门也规模化生产了硼酸铝晶须，其特性参数如下：酸碱度 pH 值 5.5～7.5，纤维径为 0.5～1.0μm，纤维长为 10～30μm，相对密度 7.93g/cm³，比表面积 23m²/

g，线膨胀系数 $4.2 \times 10^{-6} K^{-1}$，莫氏硬度7，抗拉强度7.97GPa，弹性模量400GPa。早在1994年起，中国科学院青海盐湖研究所的有关人员即开始了硼酸铝晶须的合成制备工艺实验，并于1998年完成了硼酸铝晶须新材料研制的全部试验工作。

我国具有丰富的产品明矾 $[K_2SO_4 \cdot Al_2(SO_4)_3 \cdot 24H_2O]$，同时在青海察尔汗盐湖蕴藏大量的硼资源。利用明矾 $[K_2SO_4 \cdot Al_2(SO_4)_3 \cdot 24H_2O]$ 作为硼酸铝晶须制备的铝的供给物，盐湖产品硼酸作为硼的供给物，用 K_2SO_4 作为助熔剂进行硼酸铝晶须的制备研究。不仅可以制备高附加值的硼酸铝晶须，同时可以利用明矾生产高纯度的 K_2SO_4，使明矾资源得以综合利用。

1. 硼酸铝晶须在聚合物中的应用

（1）硼酸铝晶须的表面改性　硼酸铝晶须改性聚合物基复合材料性能的好坏，除与基体、晶须本身的性能，复合材料的加工工艺、设备等有关外，晶须的表面处理也是关键。目前，用硼酸铝晶须改性金属基（铝基材料为多）复合材料的界面问题已逐渐地成为研究晶须改性铝基复合材料的重点。而有关硼酸铝晶须改性聚合物基复合材料的相关界面问题的研究文献报道还相当少。

为了改善硼酸铝晶须和聚合物之间的界面粘接状况，一般多使用偶联剂改性硼酸铝晶须。其中，以硅烷偶联剂使用较多。Fujii Tadashi 等在研究用硼酸铝晶须改性芳香族聚酰胺时。用硅酸酯和氨基硅烷处理晶须，然后水洗、干燥后使用。Kanabara Hajime 研究的处理硼酸铝晶须的方法则是将 $9Al_2O_3 \cdot 2B_2O_3$ 晶须在 γ-氨基丙基三乙氧基硅烷（KH-550）的甲醇溶液中搅拌15min，分离、干燥后备用。虽然在应用硼酸铝晶须时大部分人都用硅烷偶联剂对晶须进行处理后使用，但偶联剂与晶须间的表面改性作用原理尚不清楚，改性效果也并不理想。目前的研究还不能使硼酸铝晶须的优异性能在聚合物基复合材料中得到充分发挥，在改善硼酸铝晶须和聚合物的界面状况方面尚需进行大量研究。

（2）硼酸铝晶须在改性热固性树脂中的应用　将硼酸铝晶须填充到热固性树脂中，可以明显地改善树脂的机械性能、耐热性能、耐电解质腐蚀等性能。Tanabe Takahiro 等用由双酚A和双酚A环氧树脂反应而成的线性环氧树脂（其相对分子质量为72500）。双酚A线性酚醛环氧、双酚A线性酚醛等组成的热固性树脂和硼酸铝晶须制成一种用于印刷电路板中的金属包覆材料。将这种材料包覆在铜箔上，在140℃干燥5min，然后热压成板，其绝缘层的线膨胀系数只有$1.5 \times 10^{-5} K^{-1}$，剥离强度达到1.0kN/m，同时还具有良好的抗热焊性能和耐电解质腐蚀性能。Yamamoto Kazunori 等的研究也是利用环氧-酚醛树脂和硼酸铝晶须制成一种绝缘的树脂漆，用在制备薄且高密度的多层印刷电路板中。多层印刷电路板中加入硼酸铝晶须还可以提高聚合物绝缘板的耐湿热性能。

Kyono Shigeo 研究用硼酸铝晶须改性环氧树脂，得到的混合料具有较长的贮存期。混合料可在40℃下存放25d。在120℃下的固化时间为60min，固化后制件的玻璃化温度为206℃。在220℃时的裂解时同为10min。Kanbara Hajime 将100份环氧树脂（Epikote 828）、86.4份 Epiclon B 570、0.2份 Curezol 2E4MZ 组成的合金100份。加入10份$9Al_2O_3 \cdot 2B_2O_3$晶须混合后。分别在80℃和150℃下固化一段时间。制得的制件的性能与未添加$9Al_2O_3 \cdot 2B_2O_3$晶须和添加Al_2O_3晶须制件的性能见表8-4。

表8-4   晶须对环氧树脂复合材料性能的影响

材料	弯曲强度/MPa	弯曲模量/MPa	拉伸强度/MPa
未加晶须	0.9	3.3	12
添加硼酸铝晶须	1	4.3	13
添加氧化铝晶须	0.9	3.9	12

将硼酸铝晶须添加到光固化树脂中，同样也可以有效地改善制件的性能。Tamura Yorikam 等研究了一种用于立体平版印刷的树脂混合物。他们将10%～70%（体积分数，下同）的精细铝颗粒（平均直径3～70μm）和硼酸铝晶须（直径0.3～1μm，长度10～70μm。长径比10～100）用硅烷偶联剂处理后加入到光固化型树脂中，制备的试样固化后性能见表8-5。

表8-5   硼酸铝晶须改性光固化型树脂性能

拉伸强度/MPa	伸长率/%	弯曲强度/MPa	弯曲模量/GPa	热变形温度/℃	体积收缩率/%
83	1.3	138	22.8	≥300	1.8

（3）硼酸铝晶须在改性热塑性树脂中的应用   硼酸铝晶须添加到热塑性树脂体系中主要是改善材料的机械性能、耐磨性、表面性能、透明性、耐湿热等性能，用硼酸铝晶须改性的热塑性树脂主要有尼龙、聚碳酸酯、ABS、聚氯乙烯、聚烯烃、聚酯和PMMA等。Tabuchi Akira 等研制了一种用于印刷电路板中的硼酸铝晶须改性聚苯乙烯复合材料。这一材料是用15份间同立构聚苯乙烯，45份聚醚聚酰亚胺，10份苯乙烯共聚物和30%（质量分数）的硼酸铝晶须制备而成，材料的介电常数为3.77，悬臂梁冲击强度达

到 240J/m²。热变形温度达到 199℃，线膨胀系数为 $3.2 \times 10^{-5} K^{-1}$。Rada Heihachim 等的研究则主要是利用硼酸铝晶须改性苯乙烯聚合物的透明性和机械强度，他们将直径为 $0.05 \sim 15 \mu m$、长度为 $2 \sim 100 \mu m$、长径比不小于 5 的硼酸铝晶须添加到聚苯乙烯中，制得的复合材料表现出良好的透明性，而且材料成本低廉。Osame Satoshi 等对硼酸铝晶须添加到包装用薄膜中的研究也证明，硼酸铝晶须的加入能使原本不透明的薄膜透明性得到改善，使之变得半透明。

Maehida 等将 $100 \sim 250$ 份硼酸铝晶须添加到 100 份尼龙树脂（PA）中，发现制得的试样模压收缩和翘曲形变均变小了，并且制件具有良好的外观，其力学性能如表 8-6 所示。Takeda Fadashi 等在对硼酸铝晶须改性防火尼龙复合材料时发现，硼酸铝晶须的加入不仅能改善复合材料的力学性能，还可以提高材料的抗电弧性。

表 8-6　硼酸铝晶须改性 PA 的性能

拉伸强度/MPa	弯曲强度/MPa	弯曲模量/GPa	悬臂梁冲击强度/(J·m⁻²)
210	330	23	60

Ishii Kezuhiko 等在研制芳香族聚碳酸酯模塑料的过程中发现，加入 5%～50%（质量分数）的硼酸铝晶须后，不仅复合材料的机械强度能得到提高，同时制件还具有良好的外观，加入晶须后其拉伸强度达到 72MPa，弯曲模量达到 3.9GPa。OkuzonoToahiaki 研究将各 50 份的双酚 A 聚碳酸酯和 ABS 树脂、0.5 份钛、15 份硼酸铝晶须（直径 $0.5 \sim 1.0 \mu m$）熔融捏合，挤出造粒后，在 280℃注射成型，得到试样表面光泽度为 65%，弯曲强度和模量分别为 105MPa 和 6GPa，缺口冲击强度为 70J/m²，同时复合材料还具有较高的硬度、良好的抗落重冲击性和外观，适合用于电话等家用产品的制造。

有人对硼酸铝晶须改性 PVC 树脂进行了研究，他们先将含水的 $9Al_2O_3 \cdot 2B_2O_3$ 晶须用硅酸钠处理，干燥后形成硅胶层，然后再用 KH-550 处理晶须，之后将 125 份硼酸铝晶须、100 份 PVC、硬脂酸单甘油酯 0.5 份、聚乙烯蜡 0.5 份、顺丁烯二酸二丁基锡 3 份制成试样，试样性能及未添加硼酸铝晶须的性能如表 8-7 所列。

表 8-7　硼酸铝改性 PVC 性能

材料	弯曲强度/MPa	弯曲模量/GPa	单梁冲击强度/(J·m⁻²)
添加晶须	62	6.7	33
未添加晶须	45	3.1	62

有研究表明，在硼酸铝晶须表面涂覆一层导电涂层（如氧化锡涂层），可

使硼酸铝晶须显示导电性。这样就可以使硼酸铝晶须在不同导电性要求场合下满足不同的导电要求。由于硼酸铝晶须尺寸细小。可以均匀分布在制件中，因此可以用来制造精密细小零件。往合成树脂中加入一定量的硼酸铝晶须可以有效地改善复合材料的耐磨性，降低摩擦系数。同时还可以减小对磨材料的磨耗，在这方面已经有硼酸铝晶须改性齿轮、轴承等耐磨材料的应用。已经有研究表明，在高尔夫球的固体核心上涂覆一层由离子键树脂和硼酸铝晶须制成的混合物，可以使高尔夫球的耐冲击性和耐磨性得到明显提高。

有文献报道，将硼酸铝晶须加入到热塑性树脂中，对树脂的形态还会产生相当大的影响。有人在研究将硼酸铝晶须加入到丙烯腈/聚酰胺（SAN/PA6）树脂中对树脂形态的影响时发现，当体系中 SAN 为主体组分时，SEM 研究显示 PA6 与晶须呈连续相结构，即此时体系呈现共连续形态结构；而当体系中 PA6 为主体组分时，体系未出现共连续的结构形态，也即此时 SAN 相不连续。他们的研究还发现。晶须间的相互作用在 PA6 相中比在 SAN 相中强烈得多；当 SAN 为主体组分时，体系的共连续结构形态在高剪切速率下不稳定。Pets-son 等认为这是由于各组分的流变性不同造成的。另外，有人在研究硼酸铝晶须改性导电聚合物时，通过 SEM 研究分析发现，不导电的硼酸铝晶须加入到不同种类的树脂中，这些树脂体系均呈现两相结构形态；聚合物和填料晶须间的界面粘接、聚合物间的黏度比对体系的形态起着相当大的影响作用，这两个因素同样也影响着材料的导电性。他们的研究发现，硼酸铝晶须加入到 POT/LDPE 中，体系的形态发生改变。电导率增大几个数量级；而将硼酸铝晶须加入到树脂中，材料的导电性几乎没有发生变化；但将硼酸铝晶须加入到 POT/PMMA 中，材料的导电性还稍有下降。

（4）硼酸铝晶须在医学中的应用　在医学上，硼酸铝晶须可用于制造牙科复合材料，有人用聚碳酸酯和硼酸铝晶须制备了一种用于牙科的水硬型凝结材料，他们将 40%（质量分数）的硼酸铝晶须加入到聚碳酸醇胶泥中，在聚四氟乙烯模具中室温硬化 30min 制成产品试样。将试样置于 37℃水中 48h 后，试样性能及未添加晶须的性能见表 8-8。

表 8-8　硼酸铝晶须对力学性能的影响

材料	压缩强度/MPa	单梁冲击强度/(J·m^{-2})
添加晶须	93	17.9
未添加晶须	64	5.3

唐立辉等还研究用硼酸铝晶须改性几种主体为含末端烯键的丙烯酸酯类聚合物，发现用硼酸铝晶须改性后的树脂复合材料的径向拉伸强度和压缩强度均有提高。

2. 展望

硼酸铝晶须是一种新型的高性价比的晶须。在改性聚合物基复合材料的应用中，不仅可以提高复合材料的机械性能，改善耐磨损性、耐热性、表面状况及电性能等，已经在印刷电路板、光学传感件、声学零件、耐磨材料、家用产品等方面得到应用，随着对其改性复合材料研究的不断深入，应用前景是相当乐观的。

但是，由于对硼酸铝晶须与聚合物基体间的界面状况还不太了解，晶须的表面改性效果还不尽如人意，虽然它本身具有优良的性能，但现在还不能使硼酸铝晶须的优良性能在聚合物基复合材料中得到充分的发挥，复合改性后效果不显著，为此，还应对晶须的表面改性进行大力研究，综合考虑基体树脂和晶须材料表面之间的物理附着、缩水反应和配位反应，及采用多种相应的偶联剂进行复配可能是较为理想的方法。另外，晶须在使用中由于搅拌、混合、挤出注射等过程会造成折断，而晶须的长径比又是影响复合材料性能的关键因素，如何改进晶须-树脂基复合材料的加工工艺性，及进一步降低晶须的生产制造成本也是今后重要的研究方向。

3. 硼酸铝晶须的开发前景

硼酸铝晶须是新型无机添加增强材料，目前已在以下四大方面探讨了其应用的可能性。

(1) 轻金属基复合材料 主要在研制铝基、镁基和铝镁基的硼酸铝晶须增强复合材料。研究了硼酸铝晶须添加后对金属的断裂行为、高温强度、弯曲强度、热工机械强度等的影响。表明硼酸铝晶须对烧结材料的防腐性能和硬度等方面都有很强的增强作用，还可提高镁基合金发动机燃油效率，减少合金的宏观缺陷。硼酸铝晶须在液态合金过滤器、切削工具及压缩机叶片和航空工具等方面也有应用。

(2) 聚合材料 硼酸铝晶须可用于制造高焊接强度有机聚合物，具有高弹性热膨胀系数，热稳定及耐化学腐蚀的聚合物；高机械强度，低介电常数及正切损耗电子部件用聚合物，耐磨损轴承用树脂，液晶聚酯复合物；具有长适用期和硬化成分的热阻环氯树脂聚合物，电导树脂复合材料等。

（3）陶瓷、玻璃纤维 硼酸铝晶须本身就是一种纤维材料。它在具有高摩擦系数的非石棉摩擦材料，非水电解液分离用非织纤维，线路板用玻璃陶瓷、轻质陶瓷、低介电常数陶瓷中的反玻璃化抑制剂和多孔陶瓷等的制造方面有较多的应用。

（4）涂料及其他 硼酸铝晶须可用于制造无机涂层建筑材料，防火材料，催化剂载体，含防锈涂层的低镁电损耗单向硅钢片，抗氧化电导粉末，逆向材料，具有化学稳定性的高张力涂膜等。

总之，硼酸铝晶须的上述优良性质和广泛用途，使其系列产品的开发对于我国多种产品的升级换代，提高经济技益和增强国防实力具有重要意义。

第三节　硼酸镁晶须

一、硼酸镁晶须的理化性质与用途

硼酸镁晶须又称为焦硼酸镁晶须（表 8-9），分子式为：$Mg_2B_2O_5$，相对分子量为：150.23，外观为白色蓬松状固体，显微镜下为纤维状单晶体。具有优越的力学性能和耐高温，耐强碱，微溶于水，水溶液呈中性，能很好地分散在有机和无机溶液中，可做进一步表面处理产品简单指标。

表 8-9　硼酸镁晶须的性能指标

性能	指标	性能	指标
$Mg_2B_2O_5$/%	98	弹性模量/℃	1000
纤维直径/μm	0.5~2	水分/%	<1
相对密度	2.91	外观	白色粉术
熔点/℃	1360	纤维长度/μm	10~50
拉伸强度/GPa	3.92	莫氏强度	5.5
耐热性/GPa	264.6		

作为新型材料的硼酸镁晶须，有着同类晶须无法比拟的性质。作为继硼酸铝晶须成功开发后的又一高性价比的晶须，硼酸镁晶须自首次开发成功以来，因其显著特点而备受关注。

（1）原料易得，成本低廉 硼酸镁晶须合成原料水氯镁石和硼酸均是盐海湖初级产品，市售价格相当便宜，从而使得硼酸镁晶须的价格仅为碳化硅晶须的 1/30~1/20，成为继硼酸铝晶须之后的又一廉价晶须。

（2）具有环保性质 硼酸镁晶须本质上是无机盐，不同于传统的碳化硅、氮化硅晶须，因而在环境中可以自己降解，与环境友好，具有良好的环保性质。

（3）界面性质优异　硼酸镁晶须能很好地分散在有机或无机溶剂中，易于进一步表面处理，且添加在金属、聚合物中相溶性好。而同为廉价晶须的氧化锌、钛酸钾和硼酸铝增强铝、镁基金属材料后，会发生界面反应，破坏晶须本身的基本结构，起不到增强作用。

（4）工艺简便，易于实现工业化　诸多晶须产品的开发由于其合成条件苛刻，操作难度大，限制了产品的工业化实施，而制备硼酸镁晶须所需的高温马弗炉，喷雾干燥器均是化工常见设备，是硼酸镁晶须工业化的重要保证。

然而，目前开发的硼酸镁晶须合成工艺，或由于技术保密，或因自身存在的不足，使得硼酸镁晶须的研究仍处于实验阶段。因此，开发良好合成工艺，配合西部盐湖开发利用，使硼酸镁晶须走向工业化道路是目前急迫的任务。

硼酸镁晶须是一种尺寸为 $20\sim50\mu m$、直径为 $0.5\sim2.0\mu m$ 的针状晶体，由于其尺寸细小，无缺陷，具有相当高的弹性模量和强度，所以显示出超强的增强与填充能力而被用在金属、塑料、陶瓷、高分子等复合材料上。自80年代日本研制出晶须状硼酸镁以来，人们对这一新型增强材料的认识不断加深并发现它的许多优点。

二、　硼酸镁晶须的合成工艺

20世纪50年代，硼酸镁晶须作为天然矿物"suanite"在韩国南部首次发现，研究表明是以单晶晶须团块形式存在；60年代合成了具有片状和棱柱结构的硼酸镁晶体；70年代合成了具有单晶和三晶结构的硼酸镁晶体；80年代，日本四国工业技术研究所合成了具有针状结构的硼酸镁晶须，并研究了合成条件对晶须形貌的影响；90年代，中日合作开发出以廉价的海盐化工产品合成硼酸镁晶须的工艺；本世纪已经成功地合成了准一维纳米硼酸镁晶须如纳米棒、纳米线等。

硼酸镁晶须主要作为复合材料增强剂，此外，由于其具有轻质、高韧、耐磨、耐腐蚀等特点，可作为摩擦材料、过滤材料、电池隔膜、绝缘以及耐热材料等。同其他晶须材料相比，硼酸镁晶须具有价格低廉的优势，已经发展为当今复合材料最具应用前景的晶须材料之一，因此合成工艺受到极大关注。

目前，硼酸镁晶须的制备主要采用高温熔盐法、微波固相合成法、水热法、溶胶-凝胶法、化学气相沉积法等。

1. 高温熔盐法

高温熔盐法亦称为高温助熔剂法，它是目前合成硼酸镁晶须最普遍且已工业化的可行方法。此方法是以镁源化合物与硼源化合物为主要原料，镁源有氧化镁、氢氧化镁或镁的无机盐如硝酸镁、碳酸镁、氯化镁等，硼源主要有硼酐、硼酸和硼酸盐如硼砂。镁源和硼源可以是上述中的一种或是其中两种的混合。以氯化钠、氯化钾、氢氧化钠、氯化钙、硫酸钾等为助熔剂，硼酸镁或氢氧化锰为晶种，配浆后喷雾干燥，再经烧结（600～1000℃）、浸溶、水洗、烘干而获得硼酸镁晶须。其一般工艺流程为：镁源化合物盐、硼源化合物、助熔剂→配制浆液→喷雾干燥→烧结→洗涤→干燥→浸溶→产品（图8-3）。

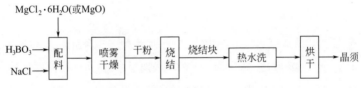

图 8-3 硼酸镁晶须制备工艺

李慧青等利用熔盐法，以氯化镁、硼酸、氢氧化钠，氯化钠为原料，合成出长 20～50μm、直径 1～2μm 的硼酸镁晶须。靳治良等以氯化镁、硼酸、助熔剂（氯化钠、氯化钾中的任何一种或氯化钠、氯化钾分别与氢氧化钠共同作为助熔剂）为原料，制备出长度为 10～50μm、直径为 0.5～2μm 的硼酸镁晶须。边绍菊等以六水氯化镁、硼砂为反应物，氯化钾作助熔剂，通过高温助熔剂法在不同镁硼配比区域制备出尺寸和形貌不同的硼酸镁晶须，直径 0.5～20μm，长 30～500μm。刘启波等以氢氧化镁、硼酸、助熔剂（可选用氯化钠、氯化钾、溴化钠、溴化钾、氟化钠、氟化钾、氯化锂、溴化锂中的一种或其中两至三种混合）为原料，研磨混合后，升温熔融、冷却、洗去助熔剂、提纯干燥得到硼酸镁晶须。

胡克伟等针对目前高温固相合成法制备的硼酸镁晶须产品长径比低、工艺较复杂的缺点，于2005年开发出一种类溶胶-浸渍混合、高温熔融新方法和新工艺，以青海吉乃尔盐湖中经酸化制得的硼酸和从该盐湖中结晶出的水氯镁石为原料，经类溶胶-浸渍法混合，在 900℃、10h 的条件下台成出长度为 30μm、长径比达 30～50、纯度超过 98% 的硼酸镁晶须。

杨建元等提出一种低温制备前驱体，在助熔剂存在下，高温熔融合成硼酸镁晶须的新方法。它是将硼酸、氯化镁、烧碱按一定比例于水溶液中反应生成硼酸镁化合物沉淀，过滤得到前驱体，将 NaCl 或 NaCl 与 KCl 组成的助熔剂与该前驱体混合，加入由甲醇、乙醇、水或它们的混合溶液，浸渍、搅拌、混合，然后将混合物于 $500\sim900℃$ 高温反应 $5\sim10h$，冷却，用水洗涤、干燥，最后得到长度为 $100\sim150\mu m$，长径比大于 100 的硼酸镁晶须。

高温熔盐法属于固相合成方法，具有原料易得、成本低廉、技术成熟等特点，适宜工业化生产。但合成出的硼酸镁晶须长径比较低、工艺较复杂，其产物中往往混有团块杂质，势必严重影响晶须形貌及性能。助熔剂法合成硼酸镁晶须的生长机理目前尚未做过系统的研究，对晶须形貌及尺寸尚不能做到有效控制，若要获得高品质的晶须尚有一定难度。

高温助熔剂法制备硼酸镁晶须，主要存在着反应体系与过程复杂，产物中往往混有团块杂质；用 $MgCl_2\cdot6H_2O\text{-}Na_2B_4O_7\cdot10H_2O$ 体系时，会逸出氯化氢气体，造成严重的炉体腐蚀；混料过程中大量出水，并由于静置分层，不同部位可能出现不同的化学组分；助熔剂法合成硼酸镁晶须的生长机理目前尚未做过系统的研究，对晶须形貌及尺寸尚不能达到有效控制，若要获得高品质的晶须尚有一定难度。水热法制备硼酸镁晶须时要求条件控制较为苛刻，目前只是水热得到碱式硼酸镁晶须，需要进一步煅烧而得到硼酸镁晶须，还不能一步水热得到硼酸镁晶须；水热合成硼酸镁晶须的生成机理目前尚不明确。微波固相合成必须利用加热介质氧化锌才能达到反应所需的温度，且反应完毕还需将晶须产物和加热介质氧化锌分离开来，增加了工艺的复杂性；由于利用此法合成硼酸镁晶须的研究开展不多，目前尚缺乏系统研究；缺乏大型工业化微波炉反应器，阻碍其工业化大规模生产。利用溶胶-凝胶法只获得了硼酸镁粉体和纳米棒，还未获得大长径比的硼酸镁晶须，对该方法用于制备硼酸镁晶须还需要进一步地深入研究。化学气相沉积法是目前合成一维或准一维纳米结构经常使用的方法，但它存在的主要问题是需要在特定保护气氛下进行，合成温度较高，并且生产规模相对其他方法较小。

针对制备技术存在的问题，应加强对各种制备方法和技术的深入理解，并对其进行对比，找出一种或几种制备条件温和、工艺条件与参数容易控制、能耗较低、后续处理简便的方法进行推广应用；由于硼酸镁晶须存在着单晶、三晶两种形态，应对硼酸镁晶须进行系统的微观分析和测试表征，进而深入研究各种制备条件下硼酸镁晶须的生长机理；为了对硼酸镁晶须的尺寸与形貌进行有效控制，应深入探讨各种添加剂（助熔剂、品种、晶型控制剂、溶剂等）在不同制备方法下的作用机理，以及制备工艺条件与参数（如浓度、温度、气氛等）的优化等。目前主要是利用盐湖资源生产硼酸镁晶须，利用化工试剂制备硼酸镁纳米材料等，对利用菱镁矿直接制备硼酸镁晶须或一维纳米材料的研究较少，应根据各地资源优势，开发适合本地区资源条件的晶须制造技术。晶须制备过程中，一般会有未反应的反应物或其他非正确化学相的物质等杂质成分存在，产品中也会存在粉末、颗粒、团块等非晶须形态的杂质，因此需要进行晶须的分离纯化，才能得到完全纯净均匀的晶须产品；由于晶须直径微小甚至达到纳米级，且长径比大，很可能会团聚或纠集缠绕在一起，为了在应用中能均匀分散在基体中，必须进行有效分散；为了能与基体材料进行有效结合，同时为了能进一步提高硼酸镁晶须的性能，还有必要对其进行表面改性处理。分离纯化、分散和表面处理等在后处理技术中占有非常重要的地位，但目前的研究相对较少，还没有建立一套完善的后处理技术工艺和表征体系，这是几乎所有晶须类产品在制备与应用之间所欠缺的共性问题。因此，积极开展晶须后处理技术研究是一项迫在眉睫的工作并具有非常重要的意义。

2. 微波固相合成法

微波固相合成法是以氯化镁和硼砂为原料，氧化锌为加热介质，在微波辐射下发生固相反应得到硼酸镁晶须。汪海东等用该法合成得到了长度在几十微米左右的硼酸镁晶须，产物为纯硼酸镁晶须，无其他杂质，且均一性好。

与传统的高温固相合成法相比，该法反应速度快，只需 20min 左右，节省了时间和能耗。但该法必须利用加热介质氧化锌才能达到反应所需的温度，且反应完毕还需将晶须产物和加热介质氧化锌分离开来，增加了工艺的复杂性。相信随着工业化微波炉反应器的研制开发和分离纯化技术的进步，此方法或许能得到推广应用。

微波法与传统高温固相合成法的比较　多硼酸镁晶须的传统高温固相合成与微波固相合成条件分别列于表 8-10 中。由于反应物在室温状态下吸收微波辐射能力不强，因此实验中采用了强吸收微波辐射的氧化锌作为加热介质。若不利用加热介质，体系将不能达到反应温度，并使微波固相反应不能得到产物。由于常用测温方式热电偶不适于在微波炉内测量温度用（需屏蔽），我们采用熔点法对微波固相合成时反应物位置温度进行了估测。其方法如下，在一定微波输出功率下，微波加热 20min 后取出观察坩埚内物质是否熔化，由此估计反应进行时反应物位置的温度。微波炉中以氧化锌为加热介质，输出功率在 50% 时，用 NaCl（熔点 804℃）和 K₂SO₄（熔点 1069℃）测定温度。此熔化结果显示，以氧化锌作为加热介质，其加热温度在 804～1069℃，而这一温度区间完全符合多硼酸镁晶须反应温度要求：从合成条件的表 8-10 中我们不难看到：应用传统高温固相反应，其完成反应所需时间为 6h，而微波固相反应仅需 20min。这说明微波固相反应中微波起到了一种意想不到的作用，使反应的速度大大提高，缩短了反应时间，提高了能量的利用率。

表 8-10　合成硼酸镁晶须条件

传统高温固相法				微波固相法				
反应物配比 (Mg：B：Na)	合成温度/℃	反应时间/h	产物	反应物配比 (Mg：B：Na)	加热介质	微波输出功率/W	反应时间/min	产物
2：3：7	650	6	Mg₂B₂O₅	2：3：7	氧化锌	315	20	Mg₂B₂O₅

从微波合成实验中，我们可以看到其最大的特点是使反应速度大幅度提高，出现实验提速这一结果的原因可能基于以下两点。

① 在微波场的作用下，反应物受到微震荡和微搅拌作用，使反应物分子之间的碰撞频率急剧增加，促使反应加快。

② 加热介质的存在使反应体系在升温过程中对微波的吸收有了改变，也就是反应物由原来不吸收微波变成部分吸收微波，因而使反应速度加快。

采用微波辐射技术合成了硼酸镁晶须。实验表明，用微波法合成物质其反应速度快，与传统固相反应比较。前者大大降低了反应的能耗，而且产物具有较均匀、无杂相等特点。因此以微波辐射技术作为一种新的合成方法，将赋予合成化学以新的内容，同时也必将推动合成化学的发展。

3. 水热法

水热法具有尺寸可控、温度低以及工艺简单等优点，是目前合成晶须和一维纳米材料的一种重要方法。因此，采用水热法大规模合成高纯度的硼酸镁晶须和一维纳米材料可能具有一定的优势。目前的水热法实际上是水热前驱体法，它是先利用水热法制备出具有纤维结构的前驱体——碱式硼酸镁，再将此前驱体进行煅烧而获得硼酸镁晶须或一维硼酸镁纳米材料。

藤吉加一等利用此方法成功合成出了碱式硼酸镁及硼酸镁纤维，以硼酸或硼砂及氢氧化镁、碳酸镁或氧化镁为原料，在 100～400℃温度下水热搅拌，可得到长径比 30～100 的碱式硼酸镁纤维。将碱式硼酸镁于 600～1100℃高温脱水 30min 左右，重排得到硼酸镁长纤维。

李武等采用水热法，以柱硼镁石和蒸馏水为原料，在（280±5）℃的水热密封条件下，于密封的两舱容器内，合成出 β-纤维硼镁石。

向兰等以无机镁盐及硼酸盐为原料，以无机碱为沉淀剂，首先在常温条件下进行共沉淀，然后通过水热反应得到碱式硼酸镁晶须，再采用中温焙烧方法进行物相转化和结构重组，制备出直径 10～90μm、长度 0.5～20μm、长径比 10～200、形貌规则、粒径均一的硼酸镁晶须。

罗俊杰以 $MgCl_2 \cdot 6H_2O$、$NaBN_4$ 为原料，采用水热法制备了硼酸镁 $Ma_2B_2O_5(H_2O)$ 纳米线，其直径为 30～150μm，长度为 1～10μm。试验表明，水热温度较高时，得到的纳米线长径比较大，温度越低，纳米线越短，甚至于得不到纳米线。浓度过高或过低都不利于纳米线的生长，只有在适宜的浓度条件下才能得到比较理想的纳米线。以 $Mg(NO_3)_2 \cdot 6H_2O$ 和 $Na_2B_4O_7 \cdot 10H_2O$ 为原料，在不同溶剂条件下还分别得到了竹叶状及带状的纳米硼酸镁。以乙醇为溶剂得到了竹叶状纳米结构，其长度约 200～500μm，宽度约 20～50μm；以水为溶剂却得到了纳米带状结构，纳米带长度约 500nm～2μm，宽度约 20～80nm。尽管试验表明溶剂对最终产物具有决定性影响，但其内在的机理尚需进一步的研究。

水热前驱体法最大的优点在于不使用助熔剂，条件温和，得到的产品纯度高，几乎没有任何杂相，反应产物只需过滤、洗涤，操作处理简便。既节约原料，又可省却清除助熔剂的工序，从而大大降低成本，另外，两步反应收率均较高。因此，水热法有可能被作为一种低成本制备工艺而得以推广应用。

4. 溶胶-凝胶法

溶胶-凝胶法是制备纳米材料的一种常用方法。它是指金属有机或无机化合物经过溶液、溶胶、凝胶而固化，再经热处理而成氧化物或其他化合物固体的方法。

江继伟等以硝酸镁、硼酸、柠檬酸为原料，采用溶胶-凝胶法及不同温度后续煅烧制备出硼酸镁（MgB_4O_7 和 $Mg_2B_2O_5$）纳米棒。$Mg(NO_3)_2$ 和 H_3BO_3 按 1∶0、1∶1、1∶2、1∶3 的摩尔比在去离子水中混合，加入柠檬酸（$C_6H_8O_7 \cdot H_2O$）作为发泡剂；将混合溶液放入烘箱中保持 150℃，将去离子水蒸发掉，得到体积增大的白色发泡糊状物；将这些糊状物倒入石英舟，在敞口石英管式炉中，煅烧后逐渐冷却到室温而得到硼酸镁纳米棒，其长径比可通过调节镁硼比例来控制。

曹秀军等以氯化镁和硼酸为原料，通过均匀沉淀-醇溶胶法制备出平均粒径为 20nm 左右的纳米硼酸镁粉体。将 $MgCl_2 \cdot 6H_2O$ 和适量 CTMAB[$C_{16}H_{33}(CH_3)_3HB_2$]、$(NH_4)_2SO_4$ 溶于 100mL 去离子水中，配成浓度为 0.2mol/L 的氯化镁溶液，加入 2g 尿素，滴加氨水使 pH 值 10 左右，陈化，抽滤，洗涤，再向溶胶中加入适量乙醇和 2g 硼酸，充分搅拌，混匀，放入烘箱中 80℃烘干后，移入到马弗炉中 800℃煅烧 3h，得到纳米 $Mg_2B_2O_5$ 粉体。

5. 化学气相沉积法

化学气相沉积法是利用挥发性的金属化合物的蒸气，通过化学反应生成所需要的化合物，在保护气体环境下快速冷凝，从而得到各类物质的粉体、块状材料和纤维材料。

Ma R 等将 MgO、B_2O 和硼的混合粉末在氩气气氛中于 1050℃高温下进行热蒸发，反应 2h 后在反应低温区得到直径 30～100nm，长达几十微米的 MgB_2O 纳米线，产品中同时含有部分 MgO 纤维团块。硼的加入是为了增加纳米线的产率。MgB_4O 纳米线的生长遵循 VS 机理，蒸发过程中产生 MgO 和 B_2O_3 两种氧化物的同时气化是生成纳米线的关键。

Yan Li 等利用化学气相沉积法制备出高纯度、可控生长的 $Mg_2B_2O_5$ 纳米线。将覆有 2～3nm 厚的 Pt/Pd 催化剂层的 MgCl 基体置于管式炉中于 Ar 气流中加热到 750～1000℃，同时随 Ar 载气载入 Bl_3/H_3BO_3 蒸气，在 850～1050℃温度下反应数小时后，在 MgO 基体上得到直径 30～150nm，长 1～10μm 的均匀纳米线。纳米线的尺寸可通过生长时间、基体温度或 Bl_3/H_3BO_3 蒸气浓度的调节来控制。试验发现，每根纳米线的尾部都有 Pt/Pd 纳米小球，这表明 $Mg_2B_2O_3$ 纳米线是通过 VLS 机理进行的。

Ma R 等在 Si 基片上生长出单晶 $Mg_2B_2O_3$ 纳米管。将 Si(001) 晶片上涂覆一层硼薄片，并在 Mg 蒸汽及 Ar/O_2 气氛下，用红外射线加热反应制备出 $Mg_3B_2O_6$ 纳米管，纳米管的厚度 200～500nm，其中 MgO 与 B_2O_3 的同时气化是纳米管形成的关键。

张弱等以晶态硼和纳米氧化镁粉末为原料，在 1100℃、含水的气氛下反应制备出新型准一维 $Mg_3B_2O_6$ 纳米带。除了部分附着的 $Mg_3B_2O_6$ 颗粒外，产物主要为单晶的 $Mg_3B_2O_6$ 纳米带，其宽度在 100～200nm，长度达到几十微米，生长方向大致为 [010] 方向。首先将晶态 B 和纳米 MgO 粉末按 1：1 的摩尔比球磨混合，取 0.5g 混合粉末放入石英舟中，置于高温炉中直径为 40cm 的石英管中心热区。通入流量为 300～500mL/min 的 Ar 气，Ar 气流经装有去离子水的洗气瓶带入一定的水蒸气，同时加热洗气瓶，温度控制在 80℃左右。从室温（约 1h）升温至 1100℃，反应时间为 1.5h。反应结束后在灰色粉末表面得到了白色产物，即硼酸镁纳米带。

Yi Zeng 等以 $Mg(BO_2)_2$ 和石墨为原料，在真空中 1200℃下加热其混合压片 1h，成功合成出直径约 120～180nm、长度约 0.2mm 的单晶 $Mg_2B_2O_5$ 纳米丝。研究表明 $Mg_2B_2O_5$ 纳米丝的成核与生长过程为 VS 机制，添加此纳米丝的润滑油的摩擦系数显著降低，说明 $Mg_2B_2O_5$ 纳米丝可作为添加剂用于耐磨纳米装置中。

6. 存在的问题与发展方向

高温助熔剂法制备硼酸镁晶须，反应体系与过程复杂，产物中往往混有团块杂质；用 $MgCl_2 \cdot 6H_2O\text{-}Na_2B_4O_7 \cdot 10H_2O$ 体系时，会逸出氯化氢气体，造成严重的炉体腐蚀（混料过程中大量出水，并由于静置分层，不同部位可能出现不同的化学组分）。助熔剂法合成硼酸镁晶须的生长机理目前尚未做过系统的研究，对晶须形貌及尺寸尚不能达到有效控制。若要获得高品质的晶须尚有一定难度。水热法制备硼酸镁晶须时要求条件控制较为苛刻，目前只是水热得到碱式硼酸镁晶须，需要进一步煅烧而得到硼酸镁晶须，还不能一步水热得到硼酸镁晶须；水热合成硼酸镁晶须的生长机理目前尚不明确。微波固相合成必须利用加热介质氧化锌才能达到反应所需的温度，且反应完毕还需将晶须产物和加热介质氧化锌分离开来，增加了工艺的复杂性。由于利用此法合成硼酸镁晶须的研究开展不多，目前尚缺乏系统研究，缺乏大型工业化微波炉反应器，阻碍其工业化大规模生产。利用溶胶-凝胶法只获得了硼酸镁粉体和纳米棒，还未获得大长径比的硼酸镁晶须，对该方法用于制备硼酸镁晶须还需要进一步的深入研究。化学气相沉积法是目前合成一维或准一维纳米结构经常使用的方法，但它存在的主要问题是需要在特定保护气氛下进行，合成温度较高，并且生产规模相对其他方法较小。

针对制备技术存在的问题，应加强对各种制备方法和技术的深入理解，并对其进行对比，找出一种或几种制备条件温和、工艺条件与参数容易控制、能耗较低、后续处理简便的方法进行推广应用；由于硼酸镁晶须存在着单晶、三晶两种形态，应对硼酸镁晶须进行系统的微观分析和测试表征，进而深入研究各种制备条件下硼酸镁晶须的生长机理；为了对硼酸镁晶须的尺寸与形貌进行有效控制，应深入探讨各种添加剂（助熔剂、晶种、晶型控制剂、溶剂等）在不同制备方法下的作用机理，以及制备工艺条件与参数（如浓度、温度、气氛等）的优化等。目前主要是利用盐湖资源生产硼酸镁晶须，利用化工试剂制备硼酸镁纳米材料等，对利用菱镁矿直接制备硼酸镁晶须或一维纳米材料的研究较少，应根据各地资源优势，开发适合本地区资源条件的晶须制造技术。

晶须制备过程中，一般会有未反应的反应物或其他非正确化学相的物质等杂质成分存在，产品中也会存在粉末、颗粒、团块等非晶须形态的杂质，因此需要进行晶须的分离纯化，才能得到完全纯净均匀的晶须产品。由于晶须直径微小甚至达到纳米级，且长径比大，很可能会团聚或纠集缠绕在一起，为了在应用中能均匀分散在基体中，必须进行有效的分散；为了能与基体材料进行有效结合，同时为了能进一步提高硼酸镁晶须的性能，还有必要对其进行表面改性处理。

分离纯化、分散和表面处理等在后处理技术中占有非常重要的地位，但目前的研究相对较少，还没有建立一套完善的后处理技术工艺和表征体系，这是几乎所有晶须类产品在制备与应用之间所欠缺的共性问题。因此，积极开展晶须后处理技术研究是一项迫在眉睫的工作并具有非常重要的意义。

三、 硼酸镁晶须的应用

1. 应用研究进展

1953 年在韩国南部首次发现的硼酸镁晶须天然矿物是一种单晶晶须团块。20 世纪 60 年代人们已经合成出片状和棱柱状的硼酸镁晶体，20 世纪 80 年代之前，单晶的、三晶的硼酸镁晶体也都已合成出来，但不是晶须状形式。直到 1980 年代，日本四国化工技术研究所率先合成出晶须状硼酸镁，1990 年代后期，作为国家"九五"攻关项目，天津海水淡化与综合利用研究所李慧青等人与日本合作，研究出以廉价的海盐化工产品氯化镁、硼酸、氯化钠为主要原料的硼酸镁晶须的制备方法，这一方法获得的晶须长为 20~50μm，直径为 1~2μm。

谭凤宜等分别研究了镁盐晶须对尼龙 6 复合材料力学及阻燃性能的影响，并与玻纤、滑石粉的增强效果及十二溴二苯醚的阻燃效果作了对比。

刘春林等对镁盐晶须/聚丙烯复合材料的研究也都取得了良好的应用效果。

随着现代科技的快速发展，高强度、高模量、耐高温的新型复合材料日益成为工业发展的需要，由于晶须具有优异的物理、机械性能，使其在材料增强增韧方面表现出极好的应用前景。

但是，现今开发的金属、碳化物、氮化物等晶须产品，由于生产成本高，仅能在国防和航天等高科技行业应用，很难在普通工业中推广，因此，开发价格低廉、性能优异的新型晶须材料成为了材料领域新的探索方向。

近年来开发的硼酸镁晶须是一种生产成本低、制备条件温和、性能优异的增强材料。硼酸镁晶须也称为焦硼酸镁晶须，是一种纤维状单晶。它是继硼酸铝晶须之后的又一种性能价格比高的晶须产品，是一种具有广泛应用潜力的新型增强材料，是当今复合材料最有希望广泛应用的晶须之一。硼酸镁晶须具有优异的力学性能、耐热性、耐腐蚀性，完全可以应用于铝、镁、合金及工程塑料中，所以极具发展前途。

硼酸镁晶须机械性能、化学性能极稳定，电绝缘和绝热性能优越，可以广泛应用于铝镁基复合材料和工程塑料中。

硼酸镁晶须在增强复合材料中显示出良好的增强性能，可利用其轻质，高韧，耐磨，耐腐蚀的特点，在很多领域找到其利用价值。

应用于铝基、镁基合金增强；塑料复合材料增强；陶瓷复合材料增强；高分子材料增强。在航空航天材料、建筑、机械、桥梁、汽车、高分子材料等领域具有广泛的用途。作为增强添加剂，具有优良的力学性能，可以增强产品的韧性；适用于铝、镁、合金和工程塑料中，作为增强塑料添加剂，硼酸镁晶须比钛酸钾晶须具有更高的强度，适合制作精小零部件，是很好的增强增韧材料。例如，汽车中发动机活塞，压缩机汽缸，离合器等部件；耐磨部件上，如滑轮、轴承及体育用品；其增强的工程塑料适宜制作精小的零部件和超薄部件，如手表，照相机等的内部塑件。

硼酸镁晶须增强塑料成型、流动性好，接近于无填充的树脂材料，晶须可达到部件的任意角落，并且表面光滑，成型精度高，部件尺寸均匀、稳定性强。该产品耐强碱，在溶剂中具有良好的分散性，适合进一步表面处理。硼酸镁晶须结构完整、性能优越，被认为是 21 世纪最具发展前景的新材料之一。

硼酸镁晶须性能较优越，是很好的增强增韧材料，其生产原料价廉易得、生产工艺相对简单、设备性能要求适中、操作技术容易掌握、可充分利用盐湖优势资源、有较好的产业化适应性。有关单位对硼酸镁晶须增强铝、镁基复合材料及工程塑料进行了相关研究,取得了预期的增强效果,展示了良好的应用前景。

目前,硼酸镁晶须在塑料工业、金属合金行业、航空航天先进复合材料等领域都已经获得广泛研究与应用,特别是在铝基金属合金材料方面,硼酸镁晶须与其有很好的相容性。因此,应加大对硼酸镁晶须的研究力度,充分利用西部盐湖镁资源制备硼酸镁晶须。这将进一步体现出我国的盐湖资源优势,也适合我国节约能源,减少环境污染,倡导科学发展观的要求。

2. 应用领域

(1) 在金属复合材料中的应用 硼酸镁晶须能使铝、镁基复合材料力学性能提高,而且未发现像硼酸铝、钛酸钾晶须等增强时所产生的界面反应现象。靳志良利用挤压铸造法制备了硼酸镁晶须增强铝6061复合材料,其研究结果表明,添加20%(质量分数)的硼酸镁晶须,复合材料弹性模量由70GPa增加到105GPa,增加了50%;拉伸强度由250MPa增加到280MPa,增加了12%。同时,硼酸镁晶须能使铝基材料力学性能提高,可以将这种轻质、高韧、耐磨、耐腐蚀的复合材料应用到如发动机活塞、连杆、压缩机汽缸等耐热和耐磨部件上。

(2) 在塑料复合材料中的应用 硼酸镁晶须增强的复合材料具有优异的耐磨及滑动性能,可作汽车的刹车片和离合器衬片。填充硼酸镁晶须的塑料成型流动性好,接近于无填充的树脂,表面平滑,成型精度高,部件尺寸稳定性好。其材料可作滑轮、凸轮、轴承和拉锁,也可以制成体育用品等。硼酸镁晶须增强尼龙6,添加25%(质量分数)可使其复合材料的热变形温度由75℃提高到200℃,拉伸强度由72.13MPa提高到116.02 MPa,断裂拉伸由11.85%提高到16.18%,弯曲强度由124.25MPa提高到215.3MPa,而采用钛酸钾晶须作同样的对照试验,各增强指标都不及硼酸镁晶须。

(3) 在陶瓷基复合材料中的应用 硼酸镁晶须用于增强陶瓷和玻璃可提高材料的冲击强度、弹性模量、硬度和拉伸强度等。到目前为止,晶须增强增韧的陶瓷材料已成功地应用在切削刀具、耐磨件、宇航及军用零件上。

(4) 在高分子材料中的应用 硼酸镁晶须能提高高分子材料的拉伸强度、弯曲强度及冲击强度等。

目前的研究结果表明:在增强塑料方面,硼酸镁晶须比钛酸钾晶须具有更强的性能;在增强镁、铝基金属材料方面,硼酸镁晶须可提高弹性模量10%~50%。可以预见,硼酸镁晶须将以性价比高的特点出现在复合材料市场上，在航天航空先进复合材料技术的民用化进程中，硼酸镁晶须增强材料的开发将起着关键作用。随着社会对轻质材料的需求越来越大，硼酸镁晶须的应用将会越来越广阔。

3. 存在问题

① 硼酸镁制备体系的复杂性使得硼酸镁晶须机理的研究较为复杂，目前对硼酸镁晶须生长机理未有明确阐述，应做进一步研究分析。

② 硼酸镁晶须的制备目前主要停留在探索试验阶段，我国没有实现工业化生产，同时还普遍存在原料成本高等问题，主要原因在于技术上涉及物理、化学、化工材料等众多学科，需要各方面的研究力量和技术支持。

③ 硼酸镁晶须存在单晶、三晶两种形态，客观上需要对硼酸镁晶须进行微观分析和测试，同时其具有的宏观特性也需要作系统探讨，这有待材料学家做更进一步的研究。

④ 硼酸镁晶须在应用领域的研究还将进一步扩大，今后将着重研究其在航空航天先进复合材料中的应用。

4. 应用效果

① 由中信国安-成都理工大学盐湖综合利用工程技术中心承担的"硼酸镁晶须合成工艺研究"以盐湖水氯镁石为原料，采用类溶胶-浸渍混合/高温熔融新工艺制备硼酸镁晶须，在 900℃、20h 下合成出的硼酸镁晶须样品直径为 $0.5\sim1.0\mu m$，长度为 $50\sim70\mu m$，纯度超过 98%，达到国际先进水平。

这项研究成果具有原料资源丰富、流程简短、易于控制、收率高、成本低等特点，有利于实现产业化。项目所研制的样品用于晶须增强铝基复合材料，与金属基体的相容性良好，分散均匀，可显著提高铝基合金的机械性能，在航空航天、交通运输、精密仪器等领域具有广泛的应用前景。

② 由中国科学院金属研究所研制的镁盐晶须。简称 M—HOS 是一种新型的无机阻燃、增强纤维材料。该产品呈单晶体结构与塑料复合有明显的增强效果。作阻燃剂使用不仅可以达到普通无机阻燃剂如 $Al(OH)_3$ 和 $Mg(OH)_2$ 的阻燃、抑制发烟毒性的效果，还因其独特的晶体结构还有使复合材料的力学性能提高的优点。此外还可以作阻燃纸、阻燃涂料、涂料消光剂和作轻型建材及过滤材料等，具有十分广阔的应用前景。

③ 由营口兄弟硼镁化工有限公司开发的纳米级硼酸镁晶须生产工艺，通过小试及中试合成并经过化学成分及晶体表征，获得成功，并已申报发明

专利。该产品为世界首例产业化的纳米级硼酸镁晶须。其化学纯度大于99.5%。与同类产品相比，具有长径比大，纯度高等独特优势。与同类合成工艺相比，具有无环境污染，成本较低，产品质量高，生产周期短等优点。该产品及生产工艺填补了国际空白，为复合材料工业提供了新的宝贵资源。

④ 硼酸镁晶须工业化生产的前景展望。经估算，建设一座年产100t硼酸镁晶须的生产装置，投资约750万元。据报道，硼酸镁晶须的售价为每千克1300日元，约合人民币每吨8万元，而硼酸镁晶须的成本为每吨7.2万元左右，可见其有一定的经济效益。表8-11为根据放大试验估算的年产100t硼酸镁晶须生产装置的主要经济技术指标。

表8-11 100t/a硼酸镁晶须生产装置的主要经济技术指标

名称	消耗定额	吨价/元	合计/元	在总成本中所占比例/%
六水氯化镁 （质量分数96%）	2.804t	800	2243.20	3.159
H_3BO_3 （质量分数≥90.9%）	1.023t	4950.00	5063.85	7.131
助熔剂 （质量分数≥98%）	4.03t	700.00	2821.00	3.973
生产水	66.4t	0.85	56.44	0.079
电力(220)	29822.3kW·h	0.40	11928.92	16.799
坩埚(380V)	112个	205.00	22960.00	32.333
产品包装 及易耗品			630.00	0.887
工资及附加			8659.50	12.195
设备折旧	按5a计		10089.60	14.208
设备维护 保养费	按设备造 价的3%计		1514.00	2.132
管理费			5045.00	7.104
总计			71011.61	

注：以1t$Mg_2B_2O_5$晶须产品为基准，原材料消耗定额作了适当放大，晶须产率按14%计。

从已有的研究来看，硼酸镁晶须是最有希望实现工业化生产的是盐湖镁盐晶须。大力研究开发硼酸镁晶须，并使之在更多的民用行业得到实际应用，将会推动材料科学的发展和西部资源的综合利用。可以预计，在不久的将来，中国硼酸镁晶须的技术在众多科学工作者的努力下将产生质的飞跃，从而使其在工业生产中开辟出更加广阔的应用前景。

第四节　硼酸镍晶须

一、 硼酸镍晶须的理化性质与用途

硼酸镍晶须的分子式为 $Ni_3(BO_3)_2$，相对分子质量为 201.6，一般直径约 $2\mu m$，长约 $30\mu m$，改变原料中碱金属成分，可使直径在 $0.2\sim0.3\mu m$，长在 $5\sim500\mu m$ 的范围内变化，长径比为 $10\sim100$。晶须呈深绿色，整体形貌细微。硼酸镍晶须在机械强度、耐酸性、耐碱性、耐药性、绝热性、耐热性、中子吸收性和电绝缘性等方面性能优良。

二、 硼酸镍晶须的合成工艺

把硫酸镍的碱金属复盐和无水的氧化硼、硼酸或碱金属的硼酸盐混合，在 $700\sim1200$℃ 的温度范围内反应，在熔融状态下，硫酸镍的碱金属复盐慢慢发生分解反应生成 NiO 和 B_2O_3，在这个熔融体系内，硼酸镍成核、结晶、生长生成硼酸镍晶须。

硫酸镍的碱金属复盐可由硫酸镍和碱金属的硫酸盐或碱金属的硫酸盐复盐制备，其中碱金属的硫酸盐包括硫酸钠、硫酸钾、焦硫酸钠、焦硫酸钾、过硫酸钠和过硫酸钾等，在原料的组成成分中至少包括以上一种化合物。反应时，镍的硫酸盐和碱金属的硫酸盐的金属物质的量比通常在 $(1:1)\sim$ $(1:2)$，改变物质的量比，能够控制所生成晶须的大小，即碱金属硫酸盐含量越多，所生成的晶须越大，反之越小。

无水硼源可包括硼酸、四硼酸、偏硼酸、四硼酸钠、焦硼酸钾、焦硼酸钠、偏硼酸钾或氧化硼等，这些化合物可单独或两种以上混合使用。

均匀混合硫酸镍的碱金属复盐和无水硼源，其中镍和硼的摩尔比在 $(3:2)\sim$ $(3:4)$ 之间，将混合物放置于坩埚中，以 $2\sim50$℃/min 的升温速度加热到 $700\sim1200$℃，反应 $8\sim30$h，可生成硼酸镍晶须。生成的晶须用 1mol/L 浓度的热盐酸（热硫酸、热硝酸、热苛性苏打或热水等）除去熔剂或其他的水溶性物质，有水溶性的副产物残留时，可用倾析法分离晶须。

第九章
金属硼氢化盐

Chapter 09

第一节　总论

硼氢化盐从品种上来说约有 20 多种，本书仅介绍 3 种，即：硼氢化钠（$NaBH_4$）、硼氢化钾（KBH_4）、硼氢化铝[$Al(BH_4)_3$]。

美国的 Burg（1942 年）发现硼氢化钠，随着高能燃料（硼烷）的发展，需求量增加很快。据不完全统计，国内生产量约在 4000t/a，产品主要是水溶液，也有固体产品，主要用处是作为还原剂（制药），几乎所有的激素都需要硼氢化钠作还原剂。硼氢化钠应用在造纸行业为新型漂白剂，国内应抓住这个潜在市场。另外，就是硼氢化钠作为新的氢气源还有远大的发展前景。

硼氢化钠（$NaBH_4$）是一种已经商品化的还原性的硼化物。它是一种有选择用途和特殊效果的强还原剂，极大鼓励着美国对硼氢化钠的制造及各种性质的研究（从 20 世纪 40 年代以后对它的各种情况进行讨论）。它是制造二硼烷和其他硼氢化物的重要原料，曾作为火箭推进剂。$NaBH_4$ 最佳的生产路线是氢化钠与三甲基硼酸盐相互反应。反应分为两步进行：第一步，非常细的钠分散在矿物油中氢化，接着和硼酸酯在 $250 \sim 270\,℃$ 反应，然后由液氨萃取分离；另一种方法是由氢氧化钾沉淀而转化为硼氢化钾。除了以固体形式使用以外，含有 9% 硼氢化钠的碱性溶液的使用将是有效的，它的商品名称为"Boroeon"。在有机合成中（即药品工业）小批量使用硼氢化钠作为还原剂。

目前硼氢化钠在国外广泛应用于造纸行业，据美国罗门哈斯公司和芬兰化学公司报道，国外 50% 以上的硼氢化钠用在纸浆漂白上，我们预计仅北美地区用量就在 1.8 万～2 万吨/年，而国内主要应用在抗生素的合成，如氯霉素、双氢链霉素、甲砜霉素、维生素 A 以及前列腺素、阿托品、东莨荒碱和香料等的生产，其大概占据需求的 87%。目前我国每年硼氢化钠的需求量大概在 3000～4000t，每年仍需进口 800～1000t，预计国内未来产能将会有较大幅度的增长，以适应日益增长的需要。

随着我国医药行业的发展，硼氢化钠的需求也出现大幅增长，2003～2006 年其复合增长率已经达到了 67%，我们预计随着未来高档纸浆需求的增加，以及氢燃料电池行业的发展，未来硼氢化钠需求的增速将维持在 15%～20%，至 2015 年需求将有望突破 1 万吨。这个产品的应用展示了可喜的前景（见图 9-1）。

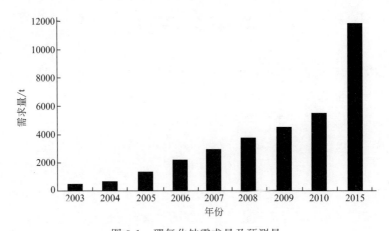

图 9-1　硼氢化钠需求量及预测量

美国早期的硼氢化钠主要是由 Metal Hydeides 公司生产的，后来美国较大的生产公司主要是凡特朗（Ventrion Co.）。

硼氢化钠储氢量高，残液可循环应用，有望成为未来质子交换及燃料电池主要的应用原料。国际能源署指出：实用的储氢系统必须达到 5%（质量分数）及 62kg/m³（体积储氢量）指标。硼氢化钠自身储氢质量分数为 10.6%，在释放氢气时，$NaBH_4$ 使水成为氢源，其理论储氢质量分数达到 21.2%。在实际应用中，以 35% 的硼氢化钠碱溶液为例，其储氢效率达 7.4%，体积储氢量达 78kg/m³，通过改变储存条件可以进一步提高其储氢质量分数（接近其理论值 21.2%），目前已成为质子交换膜燃料电池（PEMFC）的重要储氢原料。硼氢化钠的制氢原理是：

$$NaBH_4 + 2H_2O \longrightarrow NaBO_2 + 4H_2 + 300kJ$$

对于残液 $NaBO_2$ 目前采用电化学方法，无需引入还原剂，实现 $NaBO_2$ 在阴极还原得到 $NaBH_4$，实现 PEMFC 的循环应用，后期有望实现电流效率达到 60％以上，$NaBO_2$ 回收率达到 80％以上，每吨 $NaBH_4$ 应用综合生产成本降低 20％以上。随着技术大规模工业化应用的逐步成熟，未来新型燃料电池对硼氢化钠的需求有望快速增长。

如上所述，硼氢化钠的工业用途是作为药物、染料和其他有机合成产品烯烃聚合的催化剂、还原剂。用于木材纸浆和黏土漂白的硼氢化钠的消费量正在增长。硼氢化钠也可用作火箭燃料添加剂、制取泡沫塑料的发泡剂、皮革生产的漂白剂，还可用于脱除污水中的重金属（铅、汞）。硼氢化钠具有较强的去污特性。

20 世纪中末期，国外如美国生产量约有几千吨，而 90％的用量是由凡特郎公司（Ventrion Co.）生产的，拜耳公司（Bayer AG Co.）也有少量生产，产品主要以含氢氧化钠稳定的水溶液出售。固体硼氢化钠用包装在金属容器内的聚乙烯袋装运。在工艺路线上，德国较早开发了第二种生产方法，相继日本也采用了这个工艺。日本的生产厂家有川岩、茂岛公司等。德国早在 60 年代就用这条工艺建立了年产 40t 的生产装置，而美国主要是采用第一种工艺。世界各国产品规格如表 9-1 所示。

表 9-1　世界各国产品规格

项目	规格
德国 　固体物	96％～99％硼氢化钠
美国 　水溶液 　精制品 液体硼氢化钠（商品名 SWS）水溶液	$NaBH_4$ 9％，$NaBO_2$ 17.1％，其他为大量的 CaO 和 CaH_2 $NaBH_4$ 99.2％，$NaBO_2$ 0.8％ $NaBH_4$ 5％，苛性钠 30％

1995 年硼氢化钠的进口量及消费量：美国进口 492t，消耗 461～481t；西欧各国共消耗 2500～3500t。

国内目前生产单位还有上海申宇医药公司、山东潍坊硼氢化钠公司、江苏瀚普瑞等。张家港华昌公司生产量欲达到 1000t/a，但目前仅为 400t/a，从工艺上改进设备结构如氢化釜和蒸发结晶器，预计可显著地降低 NaBHt 的生产成本。国内硼氢化钠目前用量最大的是用作制药的还原剂。

固体产品的规格可参照意大利 ANIC 公司的标准：白色微晶固体 $NaBH_4$ ％≥97％；典型值 98％；视密度 0.4g/mL。

第二节　硼氢化钠

一、　硼氢化钠的理化性质

化学名：硼氢化钠（俗名钠硼氢）。

分子式：$NaBH_4$。

相对分子质量：37.83。

白色结晶粉末或颗粒，吸湿性强，溶于水并分解释放出氢气，在酸性条件下分解相对较快，在碱性条件下相对稳定。

质量标准：$NaBH_4$ 含量≥98.0％。

硼不仅能形成多种氢化物，如 B_2H_6、B_4H_{10}、B_5H_9、B_6H_{10} 及 $B_{10}H_{14}$ 等，而且还能形成一系列硼氢阴离子，如 BH_4^-、$B_3H_3^-$、$B_{11}H_{14}^-$ 等。其中以硼氢离子 BH_4^- 最为重要，许多金属元素，如 Li、Na、K、Be、Mg、Ca、Zn、Al、Ti、Zr、Th 和 U 等的硼氢化物均已制得，硼氢化物可以看作是它的金属衍生物。$NaBH_4$ 是碱金属硼氢化物的代表，并且是最重要的硼氢化物之一。

金属硼氢化物的分子中含有很大比例的氢原子，在不便于应用压缩气体时，它是氢气的一种方便的来源。因所有的硼氢化物与水反应都可生成硼氢盐与氢：

$$BH_4^- + 2H_2O \longrightarrow BO_2^- + 4H_2\uparrow$$

硼氢化物的还原能力与硼氢离子 BH_4^- 所结合的金属离子的特性有很大关系，通常随金属电负性的增加而增强。硼氢化物在挥发、热稳定、氧化及水解的难易等性质的差异是很大的。热稳定性和氧化的难易程度，大致随金属的电负性增加而下降。

$NaBH_4$ 为白色结晶粉末，熔点505℃。在干燥空气中当温度达到300℃时、在真空中达400℃时仍是稳定的，不会挥发。硼氢化钠易溶于水。

硼氢化钠的水解作用与温度和溶液的 pH 值关系很大，故能从冷水中以 $NaBH_4 \cdot 2H_2O$ 形式部分回收；但在1000℃时几分钟内水解就能进行完全。

二、 硼氢化钠的合成工艺

（1）氢化钠硼酸酯法　在无溶剂存在时，氢化钠与气态硼酸三甲酯反应生成 $NaBH_4$ 和甲醇钠。这一过程需严格控制温度，使用高沸点分散的氢化钠在该油介质中与硼酸三甲酯反应，可减小温度的波动。水解甲醇钠蒸馏出甲醇，得到含12％$NaBH_4$ 和40％NaOH 的碱液，以液氨或异丙醇萃取得固态产品。该工艺在美国、日本及我国有不同程度的工业化。在四氢呋喃等溶剂中，硼酸三甲酯与氢化钠反应生成三甲氧基硼氢化钠，它在溶液中发生歧化反应，生成不溶的 $NaBH_4$ 及可溶的四甲氧基硼酸钠，在一定条件下，产率可达

99.5%，而硼酸三甲酯与氢化钠按化学计量投料时，产率只有 54%。四甲氧基硼酸钠与活性铝及氢气在二缩乙二醇二甲醚中反应也能生成 $NaBH_4$。

近年来该方法又有新发展，用烷基硼、硼酸酯等与铝粉、金属钠在一定氢气压力下反应亦可得到 $NaBH_4$。B(Ⅲ)与 H 比 Al(Ⅲ)与 H 有较强的结合力，由 $NaAlH_4$ 与烷基硼或硼酸酯进行复分解可制得大晶粒、高纯度的 $NaBH_4$。

（2）三卤化硼与氟硼酸钠法　在加热时，氢化钠在烷氧基钠、硼酸三甲酯、烷基硼烷及烷基铝作用下与三氟化硼反应生成 $NaBH_4$。三氯化硼的胶合物、醚合物与氢化钠反应生成 $NaBH_4$。在合适的条件下可用气态三氟化硼或三氯化硼。另外，钠、氢气和三氟化硼或氢化钠、氢气和氟硼酸钠分别在惰性介质中反应亦生成 $NaBH_4$。

（3）硼烷或有机硼法　以该类原料可通过多种反应得到 $NaBH_4$，如在惰性溶剂中，氢化钠与烷基硼烷反应可生成 $NaBH_4$，乙硼烷与三甲氧基硼氢化钠、甲醇钠、四甲氧基硼酸钠反应亦可生成 $NaBH_4$。

（4）氧化硼、磷酸硼及硼酸盐法　在不锈钢球磨反应器内，氢化钠与活性氧化硼在高于 300℃ 下反应生成 $NaBH_4$ 和偏硼酸钠，产率可达 80%。但在反应过程中，19.5% 的氢化钠虽消耗掉但却没有转化为 $NaBH_4$。氧化硼的粒度对产率有较大影响。当氧化硼、氢化钠与石英砂在 450℃ 和 0.4MPa下反应时，产率达 92.5%。磷酸硼在高沸点矿物油中与氢化钠在 280℃ 下反应，生成 $NaBH_4$ 及磷酸钠，产率为 50%。偏硼酸钠与氢化钙在 3MPa、450℃ 下发生反应，生成 $NaBH_4$ 及氧化钙，产率达 89.2%。

该方法又发展成如偏硼酸钠与铝在 100℃、10MPa 氢气压力下反应生成 $NaBH_4$ 及氧化铝。以硼砂为原料合成 $NaBH_4$ 最初被德国 Bayer 公司采用，故该方法被称作 Bayer 法。当硼砂与氢化钠物质的量比为 1:2 时，在 0.3~1.3kPa 压力及 400~410℃ 温度下反应，产率可达 90% 以上。尽管硼砂的利用率低，但却有反应温度低、压力小及反应时间短等特点。当硼砂与氢化钠物质的量比为 1:16 时，在相同条件下反应时产率相当低。硼砂与钠和氢气反应亦生成 $NaBH_4$。为了提高 $NaBH_4$ 的产率，向体系中加入二氧化硅，使生成的氧化钠转化为硅酸钠。

该工艺的物料消耗的单位有的标定为硼砂（工艺品）3.4t/t，金属钠（工业级）3.47t/t，氢气（工业级）300 瓶（小型），石英砂（工业级）3.97t/t。

在工业生产中，该反应分两步进行，首先令 $Na_2B_4O_7$ 与 SiO_2 在高温下生成硼硅酸盐熔体，再令熔体与金属钠、氢气在 400~500℃ 下反应，将产物在一定压力下用液氨抽提 $NaBH_4$，蒸出氨得 $NaBH_4$，产率可达 93%。除此之外，也可以首先让无水硼砂与钠在 300℃、0.4MPa 下氢化，将生成的氢化钠与无水硼砂的混合物再与石英砂在 450℃、0.4MPa 下反应。基于该反应合成 $NaBH_4$ 的产率较高，但反应所需的压力要求高性能的设备。如在特制的反应釜内，以无水硼砂、石英砂、钠和氢气于 350℃ 左右、常压下反应，$NaBH_4$ 的产率达 90%。石英砂的粒度对产率有较大影响，当石英砂粒度过大时反应速度慢，石英砂粒度小时反应速度加快，但当粒径小于 $60\mu m$ 时，石英砂被还原成棕色无定形硅。

在上述反应中，CaB_4O_7、$NaCaB_5O_9$、$NaBO_2$、CaB_6O_{10} 可代替无水硼砂；铝或硅可以代替部分钠，同时作为氧化钠的结合剂。在 0.4MPa、500℃ 时，无水硼砂与铝粉及钠发生反应，有较高的产率。在高于 3MPa、420℃ 时，硅与无水硼砂和钠按以下反应式进行：

$$3NaB_4O_7 + 23Na + 7Si + 24H_2 \longrightarrow 12NaBH_4 + 7Na_2SiO_3$$

（5）金属氢化物法　有人研究了一种在室温下，由 MgH_2 与 $Na_2B_4O_7$ 在钠的化合物作催化剂的条件下，用球磨法制备 $NaBH_4$ 的方法，它是用氢化镁高温制备 $NaBH_4$ 的方法，在 7MPa、550℃ 下 $NaBH_4$ 的产率为 97%。近年来国外还开发了通过加入还原剂制备硼氢化钠的工艺，例如 MgH_2、$MgSi$、C 和 CH_4 等。

（6）电解法　电解偏硼酸钠碱性水溶液亦可制备 $NaBH_4$。该方法使用阳离子交换膜将电解池分隔为阴极室和阳极室。电解时，阴极产生新生态原子氢，这种原子氢还原偏硼酸根离子生成硼酸根离子，其优点是成本低，且无需使用大量的金属 Na。对这种方法中的关键材料阳离子选择隔膜的研究仍没有文献公开。国内外对该方法进行了大量的开发性研究工作，我国有的科研单位也对此工艺进行了开发研究。

（7）机械和化学还原结合法　为了使反应在常温下即可进行，日本学者提出了加入还原剂后再通过球磨的方法。分别以向硼砂和 KBO_2 中加入还原剂 MgH_2 为例，反应方程式为：

$$Na_2B_4O_7 + MgH_2 \longrightarrow NaBH_4 + MgO + B_2O_3$$

为了弥补钠的不足，Na_2CO_3、$NaOH$ 和 Na_2O_2 等钠盐被加入，结果表明 Na_2CO_3 效果最好。该反应与反应物中水的含量有关，当 KBO_2 中水的质量分数超过 24.8% 时反应不会发生。

三、 硼酸三甲酯-氢化钠制取硼氢化钠工艺

在合成工艺上，本章将分别详细介绍国内外生产硼氢化钠的几种方法。

目前，硼氢化钠的工业生产方法主要有硼酸三甲酯—氢化钠法，该方法是国内外企业较为普遍采用的生产方法（见表9-2）。

表 9-2　国外企业采用的硼氢化钠的生产方法

国外企业	生产方法
美国罗门哈斯公司(Rohm&Haas)	硼酸三甲酯-氢化钠法
美国 Mont chem 公司	硼酸三甲酯-氢化钠法
美国 Eagle-Picher 公司	硼酸三甲酯-氢化钠法
芬兰化学公司	硼酸三甲酯-氢化钠法
德国拜耳公司	金属氢化还原法(拜耳法)
日本茂岛公司	金属氢化还原法(拜耳法)

如上所述，国内外最常用的方法是硼酸三甲酯-氢化钠法，即以硼酸三甲酯为原料经与氢化钠反应而得。

（1）工艺流程及产物性质

先用硼酸和甲醇反应合成硼酸三甲酯：

$$H_3BO_3 + 3CH_3OH \longrightarrow B(OCH_3)_3 + 3H_2O$$

将金属钠分散于石蜡油中，通氢气合成氢化钠：

$$2Na + H_2 \longrightarrow 2NaH$$

然后硼酸三甲酯和氢化钠在石蜡油介质中合成硼氢化钠：

$$4NaH + B(OCH_3)_3 \longrightarrow NaBH_4 + 3NaOCH_3$$

一般工业上主要是用所谓湿法生产硼氢化钠，整个工艺过程可分为以下四个步骤。

① 酯化。在粗馏釜中加入经过计量的硼酸及甲醇，缓慢加热。在54℃全回流2h之后，开始收集硼酸三甲酯与甲醇的共沸液，控制温度在54~55℃，超过55℃时停止收集。在56~69℃温度下回收甲醇。粗馏残液可回收硼酸。共沸液在酸洗槽中用硫酸脱醇，然后进行精馏，得到较纯的硼酸三甲酯。精馏后的残液回收硼酸三甲酯和甲醇。

② 氢化。在氢化釜中放入石蜡油，经搅拌、静置后，在温度低于100℃时，将切成小块的金属钠投入石蜡油中，搅拌，升温。当温度升至200℃时，停止加热。通入氢气，与分散于石蜡油中的金属钠进行反应，反应温度控制在300℃以下，温度若高于300℃，应向氢化釜中加入冷石蜡油调节。待反应完成后，停止通入氢气，金属钠基本上能全部转化成氢化钠。

③ 缩合。将氢化反应完成后的石蜡油料液送入缩合器，开动搅拌。加热至220℃时，开始加入硼酸三甲酯，这时温度明显上升，当温度升至260℃时停止加热，加料进程中温度不应超过280℃。硼酸三甲酯加完后，继续搅拌使其充分反应。反应温度最好控制在275℃左右，反应完成后产率可达90%。将物料冷却至100℃以下，进行离心分离，得到硼氢化钠滤饼。分离出的石蜡油回收利用。

④ 水解。在水解器中加入经过计量的水，将上述硼氢化钠滤饼徐徐加入水解器中，加料时水温控制在50℃以下。加料完毕后温度升至80℃。这时发生如下水解反应：

$$NaBH_4 + 3NaOCH_3 + 3H_2O \longrightarrow NaBH_4 + 3NaOH + 3CH_3OH$$

因水解时甲醇钠分解成氢氧化钠和甲醇，溶液呈强碱性，水解温度稍高，硼氢化钠亦无明显分解。将此水解液离心分离，清液送入分层器中，静置1h后自动分层，下层水解液中含硼氢化钠和氢氧化钠，这种硼氢化钠碱性水溶液即可作为商品出售，其中硼氢化钠含量要求不低于5%。

湿法的主要技术经济指标为收率87.25%；消耗定额（t/t）：金属钠2.786，硼酸1.184，石蜡油0.426；甲醇3.298；氢气（9.8%）1.794m³。

若要制取固体NaBHa产品，可在硼氢化钠碱性水溶液中，加入异丙胺 $[(CH_3)_2CHNH_2]$，在萃取器中将$NaBH_4$萃取到有机相中。然后再在另一萃取器中用稀NaOH溶液反萃。异丙胺回收利用，碱液送去结晶。经过离心分离得到$NaBH_4 \cdot 2H_2O$结晶体，母液回收利用。湿晶体干燥之后得到$NaBH_4$固体产品，其纯度不应低于98%。

该法的优点是原料易得、工艺先进、流程短、后处理方便、不需消耗大量的有机溶剂、无三废污染等，但对设备要求较高，工艺条件不易控制。

另外，国外还有一种固相反应法，即氢化镁（MgH_2）在硼酸盐存在下，于高速球磨机中进行反应制取硼氢化钠的方法。

（2）工艺过程及物料衡算

① 主要工艺过程。

a. 液体硼氢化钠工艺过程（见图9-2）。

图9-2 液体硼氢化钠生产工艺过程

b. 固体硼氢化钠工艺过程（见图9-3）。

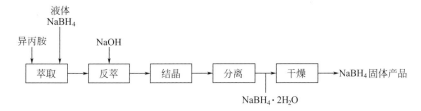

图 9-3　固体硼氢化钠生产工艺过程

② 物料衡算。固体 $NaBH_4$ 物料衡算如图 9-4 所示。

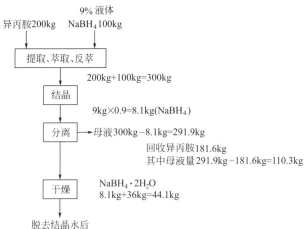

图 9-4　固体 $NaBH_4$ 物料衡算

③ 工艺流程。硼酸三甲酯-氢化钠法工艺流程如图 9-5 所示。

④ 设备一览表。主流工艺设备及附属设备一览表如表 9-3 所示。

表 9-3　固体 $NaBH_4$ 工艺设备及附属设备一览表

序号	设备名称	规格	材质
1	酯化釜	蒸汽夹套附搅拌	玻璃搪瓷
2	粗馏塔	附蒸汽加热和回流冷凝器、接收器附搅拌和粗馏釜(内有填充物)	玻璃搪瓷
3	酸洗罐	附加热(蒸汽＋气)并搅拌	不锈钢
4	精馏塔	附蒸汽加热、附精馏釜、回流冷凝器及料液接收槽	玻璃搪瓷
5	缩合器	附加热搅拌硼酸三甲酯料槽	玻璃搪瓷
6	氢化釜	附油电加热和搅拌器和石蜡油槽	不锈钢
7	冷却器	带水夹套并附搅拌	不锈钢
8	离心机		不锈钢
9	水解器	附搅拌和水计量罐	不锈钢
10	成品母液槽		不锈钢

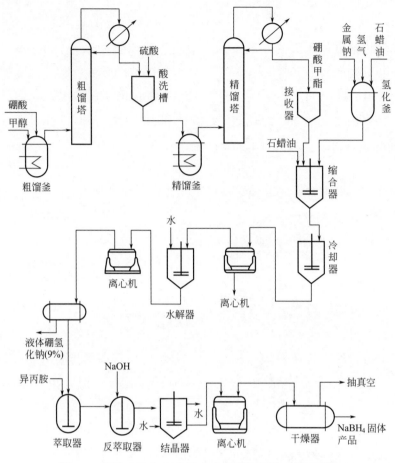

图 9-5　硼酸三甲酯-氢化钠法生产硼氢化钠工艺流程图

四、二氢化镁与脱水硼砂合成硼氢化钠工艺

该工艺是一种在室温下用 MgH_2 与脱水的硼砂通过球磨反应合成硼氢化钠的便利方法。为了提高硼氢化钠的产率，加入钠化合物以补偿当 MgH_2 代替 NaH 用作还原剂时在反应物中 Na 的不足。发现加 Na_2CO_3 在增加硼氢化物的产率方面好于加 $NaOH$ 或者 Na_2O_2。

自 20 世纪 50 年代，Schlesinger 等提出在 225～275℃ 下，由 1mol 硼酸三甲酯和 4mol 氢化钠快速反应制硼氢化钠以来，关于硼氢化物的合成研究报道很少。

$$4NaH + B(OCH_3)_3 \longrightarrow NaBH_4 + 3NaOCH_3$$

在更高的温度下（330～350℃），通过以下反应可由氢化钠和氧化硼制硼氢化钠，硼氢化钠的产率高达 60%：

$$4NaH + 2B_2O_3 \longrightarrow NaBH_4 + 3NaBO_2$$

硼氢化钠也可在氢气气氛下加热石英、脱水硼砂和金属钠的混合物至 450～500℃温度，由下述反应制得：

$$16Na + 8H_2 + Na_2B_4O_7 + 7SiO_2 \longrightarrow 4NaBH_4 + 7Na_2SiO_3$$

除氢化钠外，在相同的温度范围内可用氢化钙与 $NaBO_2$ 反应制取 $NaBH_4$：

$$2CaH_2 + NaBO_2 \longrightarrow NaBH_4 + 2CaO$$

所有上面提到的反应都是在高温下操作的。在本章中，提出了一种在室温下通过机械-化学反应合成硼氢化钠的新方法。机械-化学反应是在一个行星式球磨机中通过球磨反应物进行。考虑到 MgH_2（7.60%，质量分数，下同）比 NaH（4.17%）和 CaH_2（4.76%）含有更多的氢，故选用氢化镁作为还原剂与脱水硼砂反应。计划用连续试验探讨在室温下合成硼氢化物的可能性。另一方面，为了提高 $Na_2B_4O_7$ 至 $NaBH_4$ 的转化率，挑选一些钠化合物作为添加剂，并研究它们对硼氢化物形成的影响。

氢化物和硼酸盐反应形成硼氢化物和氧化物。根据质量守恒定律，当 MgH_2 用来代替 NaH 作为还原剂跟 $Na_2B_4O_7$ 反应时，由于在反应物 $Na_2B_4O_7$ 中 Na 与 B 的比率是 1∶2，但是在产物中是 1∶1，可以预期反应物中 Na 含量的过低会影响硼氢化物的形成。因此，为了提高硼氢化物的产率，应该加入一些钠化合物以补偿钠的不足，选 Na_2CO_3、NaOH、Na_2O_2 作为试验材料。

五、 从偏硼酸钠制取硼氢化钠的循环工艺

该工艺是由偏硼酸钠（$NaBO_2$）和氢化镁（MgH_2）或硅化镁（Mg_2Si）在氢气高压（0.1～7MPa）条件下退火（350～750℃）反应 2～4h 以合成硼氢化钠（$NaBH_4$），其产率随温度和压力的增加而增加，在 550℃和 7MPa 条件下产率最大（97%～98%），但是与反应时间关系不大。

氢气程序升温脱附（TPD）分析在 50～1000℃范围内进行。在实验中，将产物放在一个反应器中，室温下用氩气流吹扫 1min，然后在氩气流中用 10～120℃/min 的升温速度加热。随着温度的升高，分解的氢气从样品中释放出来，并用一个热导检测器进行监控。

$NaBH_4$ 的收率可用室温下 Pt-LiCoO$_2$ 催化剂（Pt 质量分数为 1.5%）

存在时样品水解反应产生的氢气量来估计。这种方法只适合于 $NaBH_4$ 水解制氢，因为以前研究发现，该催化剂用到 MgH_2 水解时，很难产生氢气。

① 用 MgH_2 合成 $NaBH_4$，$NaBO_2$ 和 MgH_2 之间的反应如下：

$$NaBO_2 + 2MgH_2 \longrightarrow NaBH_4 + 2MgO$$

由元素标准自由能计算出的化合物标准自由能变化 ΔG 分别为 $-920.7kJ$（$NaBO_2$）、$-71.8kJ$（$2MgH_2$）、$-123.86kJ$（$NaBH_4$）和 $1138.86kJ$（$2MgO$），所以该反应的标准自由能变化 ΔG 为 $270.22kJ$。

由此可以判断这个反应能自发进行，从而实现 MgH_2 与 $NaBO_2$ 的反应，在 $550℃$、$7MPa$ 下反应 $2h$ 产物的升温脱附扫描图，为了便于比较，我们也研究了 $NaBH_4$ 和 MgH_2 的行为。在相关试验中，升温速度是 $120℃/min$，产物在 $800℃$ 释放出氢气，出峰温度很接近 $NaBH_4$ 放出氢气的温度（$760℃$），而与 MgH_2 数据却相差很大；当升温速度是 $10℃/min$ 时，出峰温度减少 $100 \sim 200℃$。据推测，出峰温度发生变化是由于释放出 H_2 的速度低于升温速度的缘故。

六、 硼砂法制取硼氢化钠工艺

硼砂法是用无水硼砂、金属钠、石英砂及氢气在 $723 \sim 773K$、$3 \sim 5$ 个氢气压或更高压力下进行反应，以获得较高的转化率。反应方程式如下：

$$Na_2B_4O_7 + 9Na + 8H_2 + 7SiO_2 \longrightarrow 4NaBH_4 + 7NaSiO_3$$

该方法反应压力较高，必然对设备的要求较高，增加了设备的成本费用。张允什等对硼砂法进行了改进，使得反应温度低、操作安全、对设备要求不高，而且又消除了三废的问题。但是，改进后的方法仍使用硼砂为原料，其成本相对较高。

以硼氢化钠还原反应后生成的副产物偏硼酸钠为原料，原料价格更加低廉，并结合改进后的 Bayer 法来制备硼氢化钠，在保证产品纯度的前提下，生产成本明显下降。同时，通过本工艺可以回收利用硼氢化钠还原产生的偏硼酸钠废弃物，避免了废物后处理的额外费用，有一定的经济效益和社会效益。合成 $NaBH_4$ 的反应方程式如下：

$$NaBO_2 + 4Na + 2H_2 + 2SiO_2 \longrightarrow NaBH_4 + 2Na_2SiO_3$$

其工艺路线见图 9-6。

结论

① 以偏硼酸钠、石英砂、金属钠和氢气为原料，进行气-固相高温反

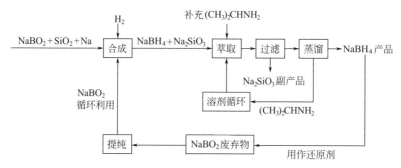

图 9-6　合成 NaBH₄ 的工艺路线

应，用异丙胺萃取反应产物，此方法合成硼氢化钠的工艺是可行的，最终得到产品的收率为 47.8%。

② 由于反应过程中没有水生成（没有引用有机溶剂，否则高温下会炭化），故所得到的硼氢化钠质量较好，纯度很高。

③ 偏硼酸钠相比于传统的硼氢化钠的合成反应原料，其价格更为低廉。同时，它也是硼氢化钠作为还原剂的废弃产物，通过本工艺可以使其回收利用，避免了废物后处理的额外费用，有着巨大的经济效益和社会效益。

以偏硼酸钠为原料合成的硼氢化钠的纯度高、成本低，是工业化生产值得选择的工艺路线。

七、 电化学法-电解法制取硼氢化钠

重庆大学余月华等指出：电解法合成硼氢化钠是以降低生产成本为目的而开发的工艺路线，美国学者 Cooper 对其进行了较早的研究。近几年来美国学者 Streven Amendola 开始把电解法制硼氢化钠的工艺应用于燃料电池，以期在燃料电池内部通过充放电实现硼的循环利用；国外还有其他学者对电化学法进行了研究。电解法不以金属钠为原料，而用电子试剂代替金属钠作为还原剂，因此，在电力资源丰富的地方开发应用，可以较大幅度地降低生产成本。另外，电化学办法在常温常压下即可进行，这与以硼氢化钠碱性溶液为氢源的燃料电池的工作条件一致，同时，电化学法也是一种洁净、高效的方法，符合环保要求。

（1）电解法的原理　电解法合成硼氢化钠是以硼砂、硼酸为原料，或者直接以偏硼酸钠为原料，用阳离子交换膜将电解池分隔为阴极室和阳极室，在碱性条件下还原生成硼氢化钠。在 NaOH 溶液中，硼砂首先转变为偏硼酸钠：

$$Na_2B_4O_7 \cdot 10H_2O + 2NaOH \longrightarrow 4NaBO_2 + 11H_2O$$

在阴极上进行的反应是：

$$BO_2^- + 6H_2O + 8e^- \longrightarrow BH_4^- + 8OH^- \qquad E = -1.24V$$

$$4OH^- - 4e^- = 2H_2O + O_2 \qquad E = 1.229V$$

总反应是：

$$NaBO_2 + 2H_2O \longrightarrow NaBH_4 + 2O_2$$

韦小茵等通过电化学伏安特性实验发现，NaOH 溶液中加入底物 $NaBO_2$ 后，与未加底物的 NaOH 溶液对比，没有发现新的氧化还原峰出现，说明 BO_2^- 并没有直接参与阴极还原过程。实际上，由于电荷的排斥作用，阴离子要靠近阴极表面是很困难的，因此，阴离子很难在阴极上直接还原。

（2）电极材料　王建强以 Cu、Pb、Ti、Ti/PbO_2 和 Ti/MnO_2 作为工作电极进行循环伏安测试，结合各电极在研究体系中阴极的稳态极化曲线进行研究，发现以 Ti/MnO_2 作为电极材料的性能最佳。

韦小茵等以 Ni、Ag、Cu-Hg 三种电极材料作为工作电极，Pt 为辅助电极，饱和甘汞电极为参比电极进行极化测试，发现 Ni 在该研究体系中是较好的电极材料。Ag 在高过电位区也有一定的催化活性。

电极材料对析氧反应的动力学有很大影响，所以选择合适的阳极材料对整个电解过程也十分关键。

国外，近几年来针对化学法制硼氢化钠需耗用大量贵重的金属钠，成本高，同时也限制了该产品的应用。为降低生产成本，开发了电解法制硼氢化钠的新工艺。

电解法工艺是在阳离子选择隔膜的电解槽内将偏硼酸根离子在阳极室还原成硼氢化物离子，生成碱金属硼氢化物溶液，再从硼氢化物溶液中分离得硼氢化物。其总反应为：

$$MeBO_2 + 2H_2O \longrightarrow MeBH_4 + 2O_2$$

式中，Me 为碱金属。

用硼砂做原料即可，如用硼酸做原料需要相应的碱金属氢氧化物、氯化物、硫酸盐或碳酸盐。该法投资省、成本低，且可省去化学法中使用的大量金属钠。

韦小茵等就电解法工艺制取硼氢化钠及其机理进行了开发研究。

世界著名电化学家 Allen J. Bard 等在 20 世纪 90 年代初进行了硼氢化钠

电化学氧化的详细研究。电解还原制备硼氢化钠与目前工业上主要使用的Schlesinger 法和 Bayer 法不同，它不以昂贵的金属钠为还原剂，而是用电解还原电子试剂代替金属钠。因此，十分适合电力资源丰富的地方开发，可以较大幅度地降低生产成本。由于硼砂电解还原制备硼氢化钠实际上是 BO_2^- 还原为 BH_4^-，是一个复杂的多电子还原过程。因此，对它的特性和机理进行研究是十分必要的。

第三节　硼氢化钾

俗名钾硼氢，分子式 KBH_4，相对分子质量 53.94。

一、 硼氢化钾的理化性质

硼氢化钾为白色结晶粉末，相对密度 1.177。在空气中稳定，不吸湿。在真空中约 500℃开始分解。熔点 585℃，硼氢化钾易溶于水。

水溶液加热至 1000℃时，能完全释放出氢。在碱性水溶液中相当稳定，但在酸性水溶液中会被分解而放出氧。易溶于液氨，溶解度约为 20g/100g 液氨（25℃）。微溶于甲醇和乙醇，溶解度分别为 0.7g（100g 甲醇中）和 0.25g ［100g 乙醇中（20℃）］。几乎不溶于乙醚、苯、四氢呋喃、甲醚及其他碳氢化合物中。

二、 硼氢化钾的合成工艺

硼氢化钾有多种制备方法。由氢化钾和硼酸三甲酯反应而得；由乙硼烷衍生而得；用硼氢化钠和氢氧化钾作用而得。后者是工业上常用的方法，其反应原理为：

$$NaBH_4 + KOH \longrightarrow KBH_4 + NaOH$$

硼氢化钾通常由硼氢化钠转化而来，即先用 NaH 与 $B(OCH_3)_3$ 在石蜡油介质中反应生成硼氢化钠，然后在硼氢化钠碱性溶液中加入氢氧化钾水溶液，通过复分解反应生成硼氢化钾。生产工艺流程如图 9-7 所示。

整个工艺过程中的酯化、氧化、缩合和水解等工序和硼氢化钠生产相同。

将硼氢化钾生产中得到的水解产品，经计量送入结晶器中。这是因为硼氢化钾在水中的溶解度要比硼氢化钠小得多的缘故。20℃时 KBH_4 的溶解

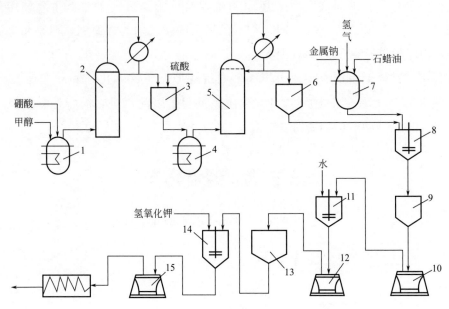

图 9-7　硼氢化钾生产工艺流程

1—粗馏釜；2，5—粗馏塔；3—酸洗槽；4—粗馏器；6—硼酸甲酯接收器；7—氢化釜；8—缩合罐；

9—冷却器；10，12，15—离心机；11—水解器；13—分层器；14—结晶器

度（100g 水中）为 19.8g，而 NaBH₄ 的溶解度（100g 水中）为 55g。在 60℃下反应 1h，其反应为：

$$NaBH_4 + KOH \longrightarrow KBH_4 + NaOH$$

然后缓慢冷却，静置 12h，用冷却水冷至尽量冷的温度下离心分离。结晶物品洗涤，在 80℃温度下干燥约 16h，即得 KBH₄ 产品。母液中 CH₃OH 和 NaOH 回收利用。

主要技术经济指标如表 9-4 所示。

表 9-4　主要技术经济指标

指标	数据
收率/%	86.49
消耗定额/(t/t)	1.972
金属钠	0.828
甲醇	2.197
酒精	0.787
石蜡	0.3
氢气(98.5%)/m³	1.28
产品规格	
硼氢化钾/%	优级品＞95,甲级品＞92,乙级品＞90
企业标准	外观白色粉末或疏松状晶体

三、 硼氢化钾的应用

用于有机选择性基团的还原反应：用作醛类、酮类和酰氯类的还原剂，能将有机官能团 RCHO、RCOR、RCOCl 还原为 RCH_2、HOHR、RCH_2OH 等，也用于分析化学及造纸工业污水的处理以及合成维生素钾之用。

第四节　硼氢化铝

硼氢化铝的分子式 $Al(BH_4)_3$，相对分子质量 71.51。$Al(BH_4)_3$ 起初是用三甲基铝与过量的乙硼烷反应来制备的：

$$Me_6Al_2 + 4B_2H_6 \longrightarrow 2Al(BH_4)_3 + 2Me_3B$$

更方便的制法是用 $AlCl_3$ 与 $NaBH_4$ 在 $100 \sim 150 ℃$ 下，在没有溶剂的情况下进行反应：

$$3NaBH_4 + AlCl_3 \longrightarrow Al(BH_4)_3 + 3NaCl$$

如果氯化铝过量，则产生氯化硼氢化铝 $ClAl(BH_4)_2$ 或 Cl_2AlBH_4。$NaBH_4$ 是用 $B(OCH_3)_3$ 与 NaH 在 250℃ 反应制取的。通过 $AlCl_3$ 与 $LiBH_4$ 或 KBH_4 反应亦可得到 $Al(BH_4)_3$。

$Al(BH_4)_3$ 是挥发性的无色液体，沸点为 44.5℃，熔点为 -64.5℃，是铝化合物中最易挥发的。它在空气中会猛烈氧化，但在真空中低于 25℃ 时分解很慢。在加热至 70℃ 时，$Al(BH_4)_3$ 会分解失去氢并形成不同的非挥发性产物。反应的第一阶段是先分解为硼烷，这是一个可逆反应：

$$Al(BH_4)_3 \rightleftharpoons HAl(BH_4)_2 + [BH_3]$$

许多硼氢化铝的反应均与上述反应相似。

硼氢化铝和上述两个双氢硼化物是这个领域中的基本品种，其他的双氢硼化物产品都可用置换反应制得。曾有人提出利用硼氢化铝作为火箭的燃料，近来对硼金属化合物精制方面的应用有了新的发展，现在已证明硼氢化铝有良好的生成热，如其与氧混合时，生成热为 15889kJ/kg，而戊烷为 10460kJ/kg，而且硼氢化铝水解后每千克氢气的生成量远远超过了 LiH，前者为 3761L，而后者仅为 2820L。

第十章
硼酸盐的应用领域

Chapter 10

硼酸盐在国民经济各部门、工农业生产中有着广泛的应用,在现代科学技术、国防、高新领域发挥了重要的作用。

硼酸盐的应用涉及如下行业:机械加工、电子工业、能源工业、玻璃纤维业、国防工业、木材加工业、冶金工业、石油工业,钻井及石油化工、化学工业(医药、橡胶、塑料、等)、精细化工,硼化工。农业(肥料,农药)、轻工业、玻璃及其制品、陶瓷、搪瓷、釉料、电镀、印刷、材料工业、核工业等。各部门的应用列表如表 10-1 所列。

表 10-1 硼酸盐在国民经济各部门的应用

部门	硼化学品名称	主要作用及功能
一、机械加工	氟硼酸铵	特殊焊药,铝铜焊药
	氧化硼	在惰性气体气氛下 650℃时可用作润滑剂
二、电子工业	氧化硼 硼酸 二硼酸锰	电容器介质组分,半导体掺杂剂,半导体材料
	硼酸铵 磷酸硼 硼酸钙	超高压填料 半导体固相掺杂,雷达传递窗和天线介质
三、能源工业	硼砂	B_2O_3 熔点低,是高温金属熔解剂,LCZ 锅炉除渣剂的添加剂,节能降耗,延长锅炉寿命,效果良好
	乙二醇硼酸盐	汽油抗爆剂
四、玻璃纤维	硼酸、硼砂 硼酸钙	用于无碱玻璃纤维、有碱玻璃纤维、绝缘材料、大型电机和发电机的制造;含硼玻璃纤维
五、木材工业	硼酸、硼砂 八硼酸钠 五硼酸铵	用于木材加工 用于木材防腐

部门	硼化学品名称	主要作用及功能
六、冶金工业	硼酸钙 氧化硼 五水硼砂	代替萤石,减少污染,是冶金工业的添加剂、助熔剂、制造合金钢、硬质合金、宝石、黄铜、青铜的熔炼
	硼酸	精炼镍的助熔剂
	晶体硼酸钙	钢(合金钢、不锈钢、普通钢)的抗粉化剂
	氟硼酸钾	特殊钢的硬化剂,沸腾钢的脱氧剂 内燃机汽缸缸套、球磨机钢球
	四硼酸锂 氟硼酸钠	用于金属冶炼和消气 非铁金属的精炼
七、石油工业钻井及石油化工	硼砂	在石油钻井中加 $0.5\%\sim0.75\%$ 硼砂能降低悬浮泥浆的黏度
	氟硼酸银	乙烯分离、丙烯和苯的烃化反应
	硼氢化物 磷酸硼	石油化工的氢化、去氢反应的催化剂;多相酸性催化剂
八、化学工业 1. 硼化物 2. 医药	氟硼酸铬	铬的电镀
	硼砂、硼酸	硼化物制造的基本原料
	硼氢化钠 硼氢化钾	在有机选择性基团的还原反应中做醛酮类和酰氯类的还原剂。用作催化剂,应用在酯化、烷基化、聚合、异构化、磺化和硝化、制各种维生素、激素、霉素
	硼砂甘油	治小儿口腔疼痛
	硼酒石酸	鼻腔咽喉的收敛剂
	硼酸铵	尿道结石
	硼柠檬酸镁 硼酸甘油	医药用
3. 橡胶 塑料 染料 有机化工	偏硼酸钙	PVC 塑化剂、聚酯催化剂
	四硼酸钴	合成树脂的固化催化剂
	偏硼酸铜	凡士林染料显色剂
	过硼酸钠	在提高 KA 油生产尼龙中应用
4. 油漆 颜料	偏硼酸钙 偏硼酸钡 硼酸铅 硼酸锰	是新型防锈颜料,代替红丹,减少污染,有阻燃作用,是油漆的催干剂,也用于防火涂料
	偏硼酸铜 四硼酸铜	防锈颜料、瓷用颜料
	磷酸硼	催化剂,热稳定性颜料、耐热颜料

部门	硼化学品名称	主要作用及功能
5. 精细化工	氟硼酸锌	耐洗耐磨纺织品中作树脂固化剂
	氟硼酸亚锡	防止商品粮食产生有机酸
	过硼酸钠 偏硼酸钠	高级洗衣粉、肥皂、家用洗涤剂中占 30%，较过碳酸钠稳定，是良好漂白剂，也用于制造牙膏、牙粉、化妆品
	五水硼砂 偏硼酸钠	黏结剂、彩色玻璃
	硼酸钙	乙二醇防冻剂
	偏硼酸钡	蛋白胶的防霉剂
	硼酸	制化学香料水杨醛、浆糊、胶黏剂
	二硼酸铵	尿素-甲醛树脂中和剂
	硼酸镁	保存剂
九、农业 1. 肥料	硼砂 硼酸 硼酸铵 含硼复合肥 含硼混合肥	硼是植物必需的养分之一，关系到植物分泌，影响糖类的转化和细胞的再生能力及种子萌芽、花粉孕育结实。促进早熟，增强抵抗自然灾害能力。改善品质如提高作物的含油量、含糖量，在植物干物质组成中硼约占 0.002%，是微量元素肥料，国内已用在油菜、棉花、小麦、甜菜、柑橘、蔬菜等作物上，效果显著
2. 农药	五水硼砂 八硼酸二钠	除草剂、土壤消毒剂 除莠剂
	偏硼酸铜	杀虫剂和小麦锈病的防治
	五硼酸钠	阻燃剂、杀菌剂、与 $NaClO_4$ 共用为脱叶剂、除莠剂
	硼酸锌	杀菌剂
	水溶性硼酸盐	硼对霉菌、昆虫是一种毒素，但对人畜来说，硼是一种安全农药，国外把可溶性硼酸盐和农药一起喷洒，也制 Cobex 农药
十、轻工业 1. 玻璃	硼砂 硼酸 氧化硼 偏硼酸钙 硼酸铅 偏硼酸锂 四硼酸锂	硼能控制玻璃的热膨胀性，使玻璃承受热冲击。是良好的助溶剂，硼硅玻璃的重要原料。在 Pyrex 玻璃中 B_2O_3 占 13.5%，耐高温玻璃中占 30%，是有碱无碱玻璃纤维、实验室玻璃和密闭光束灯头等的重要原料。能改善玻璃的透光性能。在保温瓶中配 B_2O_3 2%～3% 就可减少炸损。在光学玻璃中能缩短光谱中的蓝光，也用于制造荧光屏和长波变化幅度大的激光、电发光设备
2. 搪瓷 陶瓷 釉料	硼酸、硼砂 无水硼砂 偏硼酸硼 四硼酸锂 磷酸硼 硼酸铝	是搪瓷、瓷釉的用料，也用于特种玻璃和不透明陶瓷。在搪瓷单层膜静电作用中具有极好的耐热耐磨性，增强光泽，容易清洗。在墙砖、地板砖用硼硅釉料中，B_2O_3 占 21%，PbO 占 67%，并能提高坚牢度

部门	硼化学品名称	主要作用及功能
3. 纺织 造纸 塑料制品	硼酸、硼酸锌 氟硼酸铵 氟硼酸锂 偏硼酸钙 偏硼酸钡 偏硼酸钠 硼泥 过硼酸钠 过硼酸钾	防火纤维的绝热材料。也是造纸工业的阻燃剂、添加剂；纺织工业的漂洗剂、媒染剂、洗涤剂，脱脂和脱臭剂，后整理剂。偏硼酸钠用于织物精整施浆、除垢和阻燃。硼酸酯是增塑剂。硼泥在塑料制品中做填料和补强剂。硼酸与废纸制防火绝热层。还是塑料的发泡剂
4. 电镀 蚀刻 印刷 照相	硼酸 过硼酸钠 过硼酸钾 氟硼酸 氟硼酸亚锡 氟硼酸亚铁 氟硼酸镉	在电镀液中起缓冲作用，调整 pH 在适当范围，防止镀层变脆多孔。硼酸和氢氧化镍形成配合物，改进镀层质量。是金属表面净化剂和蚀刻剂、添加剂、电镀浴、电铸板壳
	硼酸锰	印刷油墨的干燥剂
	四硼酸铜	印刷、瓷器着色
	四硼酸钾	重氮型显影液
十一、材料工业	硼酸盐晶须 硼酸镁、硼酸铝、 硼酸	非金属、树脂及金属材料添加剂
十二、核工业	硼酸	核反应堆冷却系统
	五硼酸钠	核反应堆，屏蔽材料

附录一
国内外硼酸盐的产品规格、演变及物料和能源消耗总汇

一、产品规格

1. 我国工业硼砂标准见表 1。

表 1　工业硼砂（GB/T 537—2009）

项目		指标	
		优等品	一等品
主含量（$Na_2B_4O_7 \cdot 10H_2O$）（质量分数）/% ≥		99.5	95.0
碳酸盐（以 CO_2 计）（质量分数）/% ≤		0.1	0.2
水不溶物（质量分数）/% ≤		0.04	0.04
硫酸盐（以 SO_4 计）（质量分数）/% ≤		0.1	0.2
氯化物（以 Cl 计）（质量分数）/% ≤		0.03	0.05
铁（Fe）（质量分数）/% ≤		0.002	0.002

2. 捷克工业级硼砂质量标准见表 2。

表 2　捷克工业级硼砂质量标准

$Na_2B_4O_7 \cdot 10H_2O$/%	≥99.0	硫酸盐（SO_4^{2-}）/%	≤0.03
盐酸不溶物/%	≤0.02	重金属（Pb）/%	≤0.002
氯化物（Cl）/%	≤0.005	铁（Fe）/%	≤0.001

3. 法国硼砂质量标准见表 3。

表 3　法国硼砂质量标准

硼砂含量（$Na_2B_4O_7 \cdot 10H_2O$）/%	≥99.5%
铁含量	≤0.005%

4. 匈牙利硼砂质量标准见表 4。

表 4　匈牙利硼砂质量标准

项目	I /%	II /%	项目	I /%	II /%
$Na_2B_4O_7 \cdot 10H_2O$	95.1	93.0	Na_2SO_4	0.4	1.0
水不溶物	0.5	1.0	湿度	2.5	3.5
Na_2CO_3	0.7	1.0			

5. 印度工业级硼砂质量标准见表 5。

表 5　印度工业级硼砂质量标准

四硼酸钠（$Na_2B_4O_7$）含量（按质量计）/%	≥52	碳酸盐（按质量计）/%	总计不超过 0.5%
铁（以 Fe_2O_3 计）（按质量计）/%	≤0.01	重金属	符合要求
砷酸（以 As_2O_3 计）	10×10^{-6}		

6. 波兰工业级硼砂质量标准见表 6。

表 6　波兰工业级硼砂质量标准

$Na_2B_4O_7 \cdot 10H_2O$（当量）	≥98.0%	重金属（Pb）/%	≤0.002%
不溶物/%	≤0.02%	铁（Fe）/%	≤0.002%
氯化物（Cl）/%	≤0.005%	砷（As）	≤0.001%
硫酸盐（SO_4^{2-}）	≤0.03%		

7. 美国硼砂质量标准见表 7。

表 7　美国硼砂质量标准

项目	粗颗粒/%	精颗粒/%	粉状/%
$Na_2B_4O_7 \cdot 10H_2O$（当量）	101.2	102.2	103.89
NaCl	0.16	0.20	0.31
Na_2SO_4	0.03	0.05	0.09
Fe_2O_3	0.0001	0.0007	0.001

8. 俄罗斯硼砂质量标准见表 8。

表 8　俄罗斯硼砂质量标准

项目	食用级/%	工业级/%	项目	食用级/%	工业级/%
四硼酸钠（$Na_2B_4O_7$）	≥51.5	≥49.5	硫化氢组重金属（以 Pb 计）	≤0.01	≤0.01

9. 美国五水硼砂产品规格见表 9、表 10。

表 9　美国五水硼砂产品规格一

项目	工业级	农业级
$Na_2B_4O_7 \cdot 5H_2O$	99.8%	—
B_2O_3	47.7%	$\geqslant 46\%$

表 10　美国五水硼砂产品规格二

项目	标准/%	精制王水硼砂/%	项目	标准/%	精制王水硼砂/%
$Na_2B_4O_7 \cdot 5H_2O$	101.8	101.9	Na_2SO_4	0.019	0.039
NaCl	0.11	0.11	Fe	0.0007	0.0007

10. 英国照相级硼砂（Bs3311）产品要求如下。

① 主含量。以 $Na_2B_4O_7 \cdot 10H_2O$ 表示的主含量/（质量分数）不小于 99.0%。

② 溶液外观。水溶液除稍有絮状物外，应澄清无沉积物。

③ pH 值。在 20℃下溶液的 pH 值应介于 9.10 与 9.30 之间。

④ 重金属含量。重金属含量（以 Pb 计），应不大于 20mg/kg。
试液颜色不深于对比溶液时，则符合本指标。

⑤ 铁含量。铁含量（以 Fe 计）应不大于 30mg/kg。
试液颜色不深于对比溶液时，则符合本指标。

⑥ 对氨性硝酸银溶液的反应。氨性硝酸银溶液于试液中产生的颜色或浊度应不深于氨溶液于对比溶液中产生的颜色或浊度。

11. 美国照相级硼砂质量标准见表 11。

表 11　美国照相级硼砂质量标准

五水物主含量 $Na_2B_4O_7 \cdot 5H_2O$	$\geqslant 99\%$ $\leqslant 103\%$	碳酸盐	合格
重金属（以 Pb 计）	$\leqslant 0.002\%$	氨性硝酸银反应	合格
		溶液外观	合格
铁(Fe)	$\leqslant 0.003\%$		

12. 美国照相级硼砂杂质要求见表 12。

表 12　美国照相级硼砂杂质要求

杂质	最大量/%	代表样品/%	杂质	最大量/%	代表样品/%
硫酸盐(SO_4^{2-})	0.41	<0.20	氧化钙(CaO)	0.03	0.013
二氧化硅(SiO_2)	0.21	0.15	氧化镁(MgO)	0.15	0.05
氧化铝(Al_2O_3)	0.14	0.08	氧化铁(Fe_2O_3)	0.02	0.009

13. 美国无水硼砂产品规格及杂质含量要求见表13、表14。

表 13　美国无水硼砂产品规格

项目	标准/%	精制/%	项目	标准/%	精制/%
$Na_2B_4O_7$	99.49	99.48	酸不溶物	0.0017	0.0010
磁性铁	0.00006	0.0004	SO_4^{2-}	0.05	0.053

表 14　无水硼砂杂质最大含量

SO_4^{2-}	0.41%	CaO	0.03%
SiO_2	0.21%	MgO	0.15%
Al_2O_3	0.14%	Fe_2O	0.02%

14. 英国试剂硼砂产品规格见表15。

表 15　英国试剂硼砂产品规格

水不溶物/%	≤0.005	硫酸盐(SO_4^{2-})/%	≤0.005
pH(0.01mol/L 溶液,25℃)	9.15~9.20	钙(Ca)/%	≤0.005
氯化物(Cl)/%	≤0.001	重金属(以 Pb 计)/%	≤0.001
磷酸盐(PO_4^{3-})/%	≤0.001	铁(Fe)/%	≤0.0005

15. 美国试剂硼砂产品规格见表16。

表 16　美国试剂硼砂产品规格

硼砂($Na_2B_4O_7 \cdot 10H_2O$)含量/%	≥99	硫酸盐(SO_4^{2-})/%	≤0.005
水不溶物/%	≤0.005	砷(As)/%	≤0.0005%
碳酸盐(CO_3^{2-})	合格	钙(Ca)	最高含量 0.005%
氯化物(Cl$^-$)/%	≤0.001	重金属(以 Pb 计)/%	≤0.001
磷酸盐(PO_4^{3-})	≤0.001	铁(Fe)/%	≤0.001

16. 中国工业硼酸标准见表17。

表 17　中国工业硼酸标准（GB 538—2006）

项目		指标		
		优等品	一等品	合格品
硼酸(H_3BO_3)/%		99.6~100.8	99.4~100.8	≥99.0
水不溶物/%	≤	0.010	0.040	0.060
硫酸盐(以 SO_4 计)/%	≤	0.10	0.20	0.30
氯化物(以 Cl 计)/%	≤	0.010	0.050	0.10
铁(Fe)/%	≤	0.0010	0.0015	0.0020
氨(NH_3)[a]	≤	0.30	0.50	0.70
重金属(以 Pb 计)/%	≤	0.0010	—	—

a 为碳氨法产品控制指标。

17. 捷克硼酸产品规格见表 18。

表 18　捷克硼酸产品规格

H_3BO_3/%	>99.5	磷酸盐(PO_4^{3-})/%	<0.004
水不溶物/%	<0.01	重金属(以 Pb 计)/%	<0.001
醇不溶物/%	—	铁(Fe)/%	<0.001
甲醇不溶物/%	<0.1	钙(Ca)/%	<0.004
氯化物(Cl)/%	<0.002	镁(Mg)/%	—
硫酸盐(SO_4^{2-})/%	<0.01	砷(As)/%	<0.0004

18. 法国硼酸产品规格。

硼酸含量 H_3BO_3/%　　　　　　　　　　>99.5

铁含量/%　　　　　　　　　　　　　　　<0.005

19. 印度（工业级）硼酸产品规格。

硼酸（H_3BO_3）含量（按质量计）/%　　　　>99

水分含量（按质量计）/%　　　　　　　　<0.5

可溶铁化合物（以 Fe 表示）（按质量计）/%　<0.05

20. 波兰硼酸产品规格见表 19。

表 19　波兰硼酸产品规格

硼酸/%	>98.0	钙(Ca)/%	<0.03
水不溶物/%	<0.02	铁(Fe)/%	<0.002
Cl^-/%	<0.005	重金属(以 Pb 计)/%	<0.003
SO_4^{2-}/%	<0.03	砷(As)/%	<0.0005
PO_4^{3-}/%	<0.03	用氢氟酸处理时 不挥发物的含量/%	<0.3

21. 美国工业级硼酸产品规格。

①硼酸（H_3BO_3）/%　　　　　>99.8

②美国"三象牌"硼酸（等级：工业粒状，细粒状和粉状）产品分析见表 20。

表 20　"三象牌"硼酸产品分析

项目	粒状	细粒状	粉状
以 H_3BO_3 化验最低保证/%	99.8	99.8	99.8
硫酸盐(以 Na_2SO_4 计)/%	0.03～0.15	0.15～0.25	0.03～0.15
氯化物(以 Cl^- 计)/10^{-6}	25～110	25～110	25～110
筛析(累计)/%			

项目	粒状	细粒状	粉状
美国筛号			
+20	0~6	0~1	—
+40	10~50	—	—
+60	—	10~25	—
+100	90~98	65~80	10~15
+200	—	90~96	—
松密度(倾注,平均)/(lb/ft³)	56	49	35
休止角(水平方向)	34%		

注：1lb=0.45359237kg，1ft=0.3048m。

22. 俄罗斯硼酸产品规格见表21。

表21 俄罗斯硼酸规格

项目	I级品	II级品	项目	I级品	II级品
硼酸/%	>99.5	>98.5	用硫化氢沉淀的重金属/%	<0.001	<0.005
氯化物(以Cl⁻计)/%	<0.001	<0.2	水中不溶物/%	<0.005	<0.1
硫酸盐(以SO₄²⁻计)/%	<0.008	<0.6	水分/%	<不规定	<1
铁/%	<0.001	<0.005			

23. 俄罗斯硼酸实样分析见表22。

表22 俄罗斯硼酸实样分析

硼酸(以H₃BO₃计)/%	99.96	氯化物(以Cl⁻计)/%	0.0002
水不溶物/%	0.017	铁盐(以Fe计)/%	0.0002
硫酸盐/%	0.052		

24. 罗马尼亚工业级硼酸规格见表23。

表23 罗马尼亚工业级硼酸规格

级别	I	II	III
硼酸含量(以H₃BO₃计)/%	≥98.5	95.0	92.0
水不溶物/%	≤0.1	0.1	0.1
水分/%	≤1.0	1.0	2.0
氯化物(以Cl⁻计)/%	≤0.2	0.2	0.2
硫酸盐(以SO₄²⁻计)/%	≤0.6	2.0	2.5
重金属(以Pb计)/%	≤0.005	0.05	0.05
铁(以Fe计)/%	≤0.005	0.05	0.05

25. 德国工业级硼酸规格见表 24。

表 24　德国工业级硼酸规格

级别	I	II	级别	I	II
硼酸含量(以 H_3BO_3 计)/%	≥98.7	98.5	硫酸盐(以 SO_4^{2-} 计)/%	≤0.25	0.5
水分/%	≤1.0	1.0	铁(以 Fe 计)/%	≤0.001	0.005
氯化物(以 Cl^- 计)/%	≤0.1	0.1			

26. 捷克电容器硼酸质量标准见表 25。

表 25　捷克电容器硼酸质量标准

H_3BO_3/%	≥99.5	钙(Ca)/%	≤0.005
水分/%	≤2.5	重金属 H_2S 组(Pb)/%	≤0.0005
氯化物(Cl^-)/%	≤0.0001	铁(Fe)/%	≤0.0005
硫酸盐(SO_4^{2-})/%	≤0.0005	用 HF 处理时不溶物/%	≤0.05
磷酸盐(PO_4^{3-})/%	≤0.001		

27. 俄罗斯电容器硼酸质量标准见表 26。

表 26　俄罗斯电容器硼酸质量标准

硼酸/%	≥99.5	用硫化氢沉淀的重金属/%	≤0.0005
Cl^-/%	≤0.0001	铁/%	≤0.0005
SO_4^{2-}/%	≤0.0005	砷/%	≤0.0002
PO_4^{3-}/%	≤0.001	用氟氢酸处理时不挥发物/%	≤0.05
Ca/%	≤0.005	水分/%	≤2.5

28. 照相级硼酸产品要求。

（1）指标

主含量（以 H_3BO_3 计）/%	≥99.5
重金属（以 Pb 计）/%	≤0.001
铁（Fe）/%	≤0.001
对氨性硝酸银反应	合格
溶液的外观	合格

（2）外观　硼酸是白色的晶体。

（3）对氨性硝酸银溶液反应合格。

（4）溶液外观合格。

每升含 50g 样品的溶液应澄清，无色，无沉积物，少量絮状物可以忽略。

29. 美国试剂硼酸质量标准见表 27。

表 27 美国试剂硼酸质量标准

甲醇不溶物/%	<0.005	砷（As）/%	<0.0001
在甲醇中的不挥发物/%	<0.05	钙（Ca）/%	<0.05
氯化物（Cl⁻）/%	<0.001	重金属（以 Pb 计）/%	<0.001
磷酸盐（PO_4^{2-}）/%	<0.010	铁（Fe）/%	<0.001

30. 中国过硼酸钠质量标准及化学要求见表 28、表 29。

表 28 中国过硼酸钠质量标准（GB 1623—79）

指标项目	指标
含量（$NaBO_3 \cdot 4H_2O$）/%	≥96.0
铁/%	≤0.003
稳定度/%	≥90.0

表 29 过硼酸钠化学要求

指标名称	A 级	B 级	指标名称	A 级	B 级
有效氧（O）/%≥	9.5	9.5	重金属（以 Pb 计）/%≤	0.002	
氯（Cl⁻）/%≤	0.003		铁（Fe）/%≤	0.002	
磷酸盐（PO_4^{3-}）/%≤	0.003		3%溶液的 pH 值	0.001	9.9～10.3
硫酸盐（SO_4^{2-}）/%≥	0.005				

注：A 级-分析试剂；B 级工业级。

31. 美国过硼酸钠产品规格。

$NaBO_3 \cdot 4H_2O$/%	≥96.2
活性氧/%	≥10.0
松密度/（lb/ft³）	43～54
外观	白色结晶

美国四水过硼酸钠的其他指标见表 30。

表 30 四水过硼酸钠的其他指标

项目		指标	项目		指标
有效氧（质量分数）/%	≥	10	铁（以 Fe 计）/10⁻⁶	≤	20
总碱量（以 Na_2O 计，质量分数）/%		20～21	铜（以 Cu 计）/10⁻⁶	≤	20

32. 英国过硼酸钠产品规格如下。

活性氧/%	≥15.5
近似松密度/（lb/ft³）	27
外观	白色粉末

$NaBO_3 \cdot 4H_2O/\%$ 　　　　含有效氧≥10

$(NaBO_2 \cdot H_2O_2 \cdot 3H_2O)$

$NaBO_3 \cdot H_2O/\%$ 　　　　含有效氧≥15

$(NaBO_2 \cdot H_2O_2)$

33. 涂料用偏硼酸钡的技术要求见表31。

表31　涂料用偏硼酸钡的技术要求

项目	指标	项目	指标
氧化钡/%	54～61	水悬浮液 pH 值	9～10.5
三氧化二硼/%	21～28	筛余物（320目）/%	0.5
二氧化硅/%	4～9	吸油量 （每 100g 颜料）/g	30
水可溶成分/（g/100mL）	0.30	挥发物/%	1

34. 偏硼酸铅某企业标准见表32。

表32　偏硼酸铅某企业标准

指标名称	硼砂法	硫酸法
硼酸铅（以 Pb 计）/%	—	74～78
颜色	白色	白色
色光	接近标准样品	—
水分/%	≤3	≤3
吸油量/%	46±3	25～30
干性试验/min	与标准样品比较不慢于 3	≤25
透明度	接近标准样品	

35. 美国偏硼酸钠等产品杂质含量规定见表33。

表33　美国偏硼酸钠等杂质最大含量

化学药品	品级	Cl^-	SO_4^{2-}	PO_4^{3-}	Fe_2O_3	Na^+	Ca^{2+}	重金属 （以 Pb 计）	水不 溶物
$NaBO_2 \cdot 4H_2O/\%$	T	0.1	0.1		0.003		(0.002)	(0.0005)	(0.002)
$NaBO_2 \cdot 2H_2O/\%$	T	0.1	0.1		0.007		(0.003)	(0.0005)	(0.002)
$K_2O \cdot 2B_2O_3 \cdot 4H_2O/\%$	T	0.05	0.05		0.0014	0.10	(0.002)	(0.0005)	(0.002)
$NH_4B_5O_8 \cdot 4H_2O/10^{-6}$	T SQ	0.05 0.4	0.05 1	 10	0.0014 5			<(0.000) 2	 10

注：T 和 SQ 分别代表技术和特殊质量。括号内表示典型值。

36. 美国照相级八水合偏硼酸钠规格如下。

主含量/%	≥98.5
	≤102.0
pH（25℃）	10.80～11.10
卤化物（以 Cl⁻ 计）/%	≤0.1
重金属（以 Pb 计）/%	≤0.001
铁（Fe）/%	≤0.003
碳酸盐	合格
氨性硝酸银反应	合格
溶液外观	合格

37. 四硼酸锰某企业标准见表 34。

表 34　四硼酸锰某企业标准

指标名称	指标值
外观	白色(带棕色)均匀粉末
含水量/%	≤4%
干燥性(硼酸锰∶3# 油)	在 1∶1 时 105～110℃烘 10min 内表面结膜
流动性	与标准样品接近

38. 五硼酸钾某企业标准见表 35。

表 35　五硼酸钾某企业标准

项目	指标	项目	指标
外观	白色结晶粉末	水不溶物/%	≤0.1
B_2O_3/%	≥58.5	硫酸盐(以 SO_4^{2-} 计)/%	≤0.05
K_2O/%	≥16.5	筛余量/%≥1.25mm	无
过剩 K_2O/%	0.7～1.7	≥0.16mm	99.0
Fe/%	≤0.01		

39. 六硼酸镁产品规格如下。

含量［$Mg(BO_2)_2 \cdot H_2O$］≥98.5%，盐酸不溶物≤0.02%，氯化物（Cl^-）≤0.005%，硫酸盐（SO_4^{2-}）≤0.02%，铁（Fe）≤0.002%，钙（Ca）≤0.02%，磷酸盐（PO_4^{3-}）≤0.002%，钡（Ba）≤0.005%，重金属（以 Pb 计）≤0.002%，硝酸盐（NO_3^-）≤0.003%，砷（As）≤0.0001%，

氨（NH_3）≤0.002%。

40. 中国某企业硼酸锌标准见表36。

表36 中国某企业硼酸锌标准

指标名称	一级	二级
氧化锌（ZnO）/%	37.5±1.5	37.5±1.5
三氧化二硼（B_2O_3）/%	48.0±1.5	48.0±1.5
游离水（H_2O）/%	≤0.5	≤1.0
筛余量 325目/% 200目/%	≤0.5 不规定	≤0.5 不规定

41. 美国硼酸锌三种规格如下。

① $2ZnO \cdot 3B_2O_3 \cdot 3.5H_2O$

组成　　37.98%　　ZnO

　　　　47.13%　　B_2O_3

　　　　14.89%　　H_2O

② $2.04ZnO \cdot 3B_2O_3 \cdot 3.53H_2O$

组成　　37.85%　　ZnO

　　　　47.65%　　B_2O_3

　　　　14.50%　　H_2O

③ $2.01ZnO \cdot 2B_2O_3 \cdot 3.49H_2O$

组成　　37.9%　　ZnO

　　　　47.27%　　B_2O_3

　　　　14.38%　　H_2O

42. 日本硼酸锌产品规格如下。

工业品　　　　43%ZnO　　　　37%B_2O_3

结晶品　　　　37%ZnO　　　　49%B_2O_3

43. 氟硼酸相关产品规格如下。

① 氟硼酸产品规格如下。

氟硼酸（HBF_4）≥49.5%，铁（Fe）≤0.01%，硫酸盐（SO_4^{2-}）≤0.03%，游离硼酸（H_3BO_3）≤2.5%，氯（Cl^-）≤0.03%，相对密度（20℃）1.40。

② 氟硼酸钾产品规格如下。

氟硼酸钾（KBF_4）≥98%，游离碱（KOH）0.1%，磷酸盐（PO_4^{3-}）0.005%，铁（Fe）0.002%，氟硅酸钾0.3%，游离酸（HF）0.1%，氯化物（Cl）0.002%，硫酸盐（SO_4^{2-}）0.002%，重金属（Pb）0.001%。

③ 氟硼酸铵产品规格如下。

氟硼酸铵（NH_4BF_4）≥98%；水溶解试验，合格；水溶液（1%）pH值3.5～5。氯化物（Cl^-）≤0.005%，硫酸盐（SO_4^{2-}）≤0.008%，磷酸盐（PO_4^{3-}）≤0.005%，硅酸盐（SiO_2）≤0.01%，铁（Fe）≤0.005%，重金属≤0.003%。

④ 氟硼酸钠产品规格如下。

氟硼酸钠（$NaBF_4$）总量≥98%；水溶解试验，合格；水溶液（1%）pH值2～4，氯化物（Cl^-）≤0.005%，硫酸盐（SO_4^{2-}）≤0.005%，磷酸盐（PO_4^{3-}）0.01%，铁（Fe）≤0.005%，铅（Pb）≤0.004%，二氧化硅（SiO_2）≤0.5%。

⑤ 氟硼酸亚锡产品规格如下。

锡含量（Sn^{2+}）≥20.3%，（Sn^{4+}）≤0.8%，铁（Fe）≤0.005%，氯（Cl）≤0.005%，硫酸盐（SO_4^{2-}）≤0.3%。

⑥ 氟硼酸铜产品规格如下。

企业标准（1）：氟硼酸铜含量［$Cu(BF_4)_2 \cdot H_2O$］40%～45%，游离氟硼酸（HBF_4）1%～2%，游离硼酸（H_3BO_3）3.5%～4.5%，密度（20℃）1.53，pH值1～2。

企业标准（2）：铜含量（Cu）≥12%，游离氟硼酸（HBF_4）≤0.7%，游离硼酸（H_3BO_3）≤1.0%，硫酸盐（SO_4）≤0.01%，铁（Fe）≤0.003%，氯化物（Cl）≤0.0002%。

⑦ 氟硼酸铅产品规格如下。

含量（以Pb计）≥28%，硅（Si）≤1.0%，铁（Fe）≤0.1%，游离氟硼酸≤2%，游离硼酸0.6%～3%。

⑧ 氟硼酸锌产品规格如下。

企业标准：氟硼酸锌含量［以$Zn(BF_4)_2 \cdot 6H_2O$计］不少于97%，硅酸盐（SiO_2）0.04%，铁（Fe）0.01%。

⑨ 三氟化硼产品规格如下。

含量（以BF_3计）≥99.5%，空气（在特定条件下测得）0.3%，二氧化硫（在特定条件下测得）0.01%，四氟化硅（在特定条件下测得）0.01%，比热容

$0.356m^3/kg$，沸点－99.9℃，相对密度（21℃）2.387，气体密度（NTP）$2.85kg/m^3$，临界压力4.805MPa，临界温度－12.3℃。

44. 英国标准规定了氟硼酸、氟硼酸铅、氟硼酸亚锡、氟硼酸铜和氟硼酸锌浓溶液的指标。它们用于制备电镀溶液。

(1) 英国氟硼酸产品要求。

① 性状：本产品是清洁、无色或接近无色的氟硼酸水溶液。

② 化学组成

a. 氟硼酸（以 HBF_4 计）含量应不小于520g/L。

b. 游离硼酸（以 H_3BO_3 计）含量不小于10g/L而不大于60g/L。

(2) 英国氟硼酸产品的杂质含量见表37。

表37 英国氟硼酸的杂质含量

杂质		浓度/(g/L)	杂质		浓度/(g/L)
硫酸盐(以 SO_4^{2-} 计)	≤	5.0	除铁以外的其他重金属	≤	1.0
二氧化硅(以 SiO_2 计)	≤	10.0	氯化物(以 Cl^- 计)	≤	0.1
铁(以 Fe 计)	≤	0.5			

(3) 英国氟硼酸铅溶液产品要求如下。

① 物理形态和外观：电镀用氟硼酸铅溶液应是清亮、无色或接近无色的水溶液。

② 化学组成

a. 含铅（以金属计）应不小于500g/L；

b. 游离氟硼酸（以 HBF_4 计）含量应不大于35g/L；

c. 游离硼酸（以 H_3BO_3 计）含量应不小于10g/L而不大于60g/L。

(4) 英国氟硼酸铅溶液的杂质含量见表38。

表38 英国氟硼酸铅溶液的杂质含量

杂质		浓度/(g/L)
二氧化硅(以 SiO_2 计)	≤	10.0
铁(以 Fe 计)	≤	1.0

(5) 英国氟硼酸亚锡溶液产品要求。

① 物理形态和外观：电镀氟硼酸亚锡溶液应是清亮、无色或接近无色的水溶液。

② 化学组成

游离硼酸(以 H_3BO_3 计)含量应不小于10g/L而不大于60g/L。

(6)英国氟硼酸亚锡溶液杂质含量见表39。

表39　英国氟硼酸亚锡溶液杂质的含量

杂质		浓度/(g/L)	杂质		浓度/(g/L)
硫酸盐(以 SO_4^{2-} 计)	≤	5.0	氯化物(以 Cl^- 计)	≤	1.0
二氧化硅(以 SiO_2 计)	≤	10.0	铜(以 Cu 计)	≤	0.05
铁(以 Fe 计)	≤	2.0			

(7)英国氟硼酸铜溶液产品要求。

① 物理形态和外观。电镀用氟硼酸铜溶液应是清亮的蓝色水溶液。

② 化学组成

a. 铜(以金属计)含量应不小于2.0g/L；

b. 游离氟硼酸(以 HBF_4 计)含量应不大于35g/L；

c. 游离硼酸(以 H_3BO_3 计)含量应不小于10g/L而不大于60g/L。

(8)英国氟硼酸铜溶液杂质含量要求见表40。

表40　英国氟硼酸铜溶液杂质含量

杂质		浓度/(g/L)
二氧化硅(以 SiO_2 计)	≤	10.0
硫酸盐(以 SO_4^{2-} 计)	≤	5.0
铁(以 Fe 计)	≤	2.0

(9)英国氟硼酸锌溶液产品要求。

① 物理形态和外观：电镀用氟硼酸锌溶液应是清亮、无色或接近无色的水溶液。

② 化学组成

a. 锌(以金属计)含量应不小于200g/L；

b. 游离氟硼酸(以 HBF_4 计)含量应不大于20g/L；

c. 游离硼酸(以 H_3BO_3 计)含量应不小于10g/L而不大于60g/L。

(10)英国氟硼酸锌溶液的杂质含量要求见表41。

表41　英国氟硼酸锌溶液的杂质含量

杂质		浓度/(g/L)	杂质		浓度/(g/L)
铅(以 Pb 计)	≤	0.5	硫酸盐(以 SO_4^{2-} 计)	≤	5.0
铜(以 Cu 计)	≤	0.5	二氧化硅(以 SiO_2 计)	≤	10.0
铁(以 Fe 计)	≤	1.0			

(11)英国氟硼酸钾产品要求。

纯度　　　　　　　　98.5%

商业氟硼酸钾产品   KBF$_3$OH 含量不超过 1%

45. 日本氟硼酸铜产品规格如下。

日本化学产业株式会社标准：

Cu(BF$_4$)$_2$/%	≥45.0
HBF$_4$/%	≤1.6
H$_3$BO$_3$/%	≤2.7

46. 硼氢化钠产品相关标准与要求。

（1）硼氢化钠液体产品企业标准。

外观：棕黄色强碱性液体，硼氢化钠≥5%，游离碱≤30%。

（2）固体硼氢化钠产品意大利 ANIC 公司标准。

外观：白色微晶固体，含量（以 NaBH$_4$ 计）≥97%，典型值 98%，视密度 0.4g/mL。

（3）德国工业级硼氢化钠产品含量要求。

NaBH$_4$ 含量/%	96～99

（4）美国工业级硼氢化钠产品含量要求。

NaBH$_4$/%	9
NaBO$_2$/%	17.1

其他为大量 CaO 和 CaH$_2$

（5）美国精制品硼氢化钠产品含量要求。

NaBH$_4$/%	99.2
NaBO$_2$/%	0.8

（6）美国液体硼氢化钠产品含量要求。

NaBH$_4$/%	12
苛性钠/%	42

47. 晶体硼酸钙硼酸抗粉化剂质量规格如下。

外观，浅黄色结晶粉末：二氧化硅及其他有效成分，26.0%；氧化硼（以 B$_2$O$_3$ 计），30.5%；粒度，0.5mm；氧化钙（CaO 计），29.5%。

二、 主要硼酸盐产品物料及能源消耗定额

除特别注明外，均以 1t 产品计。

1. 单体硼。

（以 1kg 晶体硼计）：十水硼砂 22kg，金属铝粉 19kg，工业盐酸 17.5kg，氢氟酸 1kg，氢氧化钠 0.5kg。

2. 氧化硼。

硼酸 1.81t，水 80.7t，电 7000kW·h。

3. 五水硼砂。

十水硼砂 1.45t，标煤 0.4t，电 80kW·h，工业水 12t。

4. 无水硼砂。

十水硼砂 1.9t，柴油 0.4t，电 320kW·h。

5. 硼酸钙。

硼矿石(12%B_2O_3)4.8t，石灰石 2.5t，标煤 1.2t，水 50t，电 800kW·h。

6. 硼酸锌。

氧化锌 0.4t，硼砂 0.95t，水 40t，蒸汽 13t，电 500kW·h。

7. 五硼酸铵。

硼矿粉(折 12%B_2O_3)5.93t，石灰石 2.82t，氨水(折 100%)0.08t。

8. 过硼酸钠。

硼砂(95%)750kg，液碱(30%)450kg，双氧水(30%)1000kg。

9. 偏硼酸钠。

硼矿粉(折 12%B_2O_3)2.3～2.5t。烧碱(折 100%)0.32～0.34t。

10. 偏硼酸钙。

硼矿粉 4t，氨水 0.02t，石灰石 2t，标煤 1t，电 700kW·h。

11. 偏硼酸钡。

硼 0.75t，硫化钡 1.66t，标煤 3.4t。

12. 氟硼酸。

氢氟酸(40%)0.96t，硼酸 0.35t，电 11kW·h。

13. 氟硼酸钠。

氢氟酸（40%）2.42t，硼酸 0.76t，纯碱 0.7t，冰 3t，水 10t，蒸汽 1.86t，电 100kW·h。

14. 氟硼酸钾。

硼酸 0.513t，氢氟酸（40%）1.657t，氢氧化钾 0.505t。

15. 氟硼酸铵。

氢氟酸（40%）1.967t，硼酸 0.614t，氨 0.186t，冰 3t，水 5t，蒸汽 1.38t，电 86kW·h。

16. 硼氢化钠。

硼砂（工业品）3.6t，金属钠（工业级）3.47t，氢气（工业级）300 瓶，石英砂（工业级）3.97t。

17. 硼氢化钾。

金属钠 21t，硼酸 14t，甲醇 24t，乙醇 07t，氢氧化钾 11t。

18. 三氟化硼。

氟硼酸钾 1.75t. 硼酐 0.16t，浓硫酸 1.36t。

19. 三氯化硼。

粗硼 0.2t，氯 3.0t，电 2000kW·h，石英管 50kg。

20. 过硼酸钠（见表 42）。

表 42　过硼酸钠消耗定额　　　　　单位：t/t

项目	电解法（中试数据）	化学法
硼砂（100%）	0.632	0.635
纯碱（100%）	0.017	—
烧碱（100%）	0.127	0.135
双氧水（100%）	—	0.235
水		30
电/(kW·h)		80
蒸汽	7500（交流电）	5

21. 偏硼酸铅（见表 43）。

表 43　偏硼酸铅消耗定额

指标名称	硼砂法	硼酸法
收率/%	85	74～81
消耗定额/(t/t)		
氧化铅	0.742	1.007
硝酸	—	0.520
乙酸	0.285	—
硼酸		0.400
硼砂	1.266	—

22. 四硼酸锰。

收率 81%，硼砂(100%)0.922，硫酸锰(100%)0.98。

23. 六硼酸镁。

产率 90%，氯化镁(100%)0.827t，偏硼酸钠(100%)2.394t。

24. 硼氢化钠。

收率 87.25 9/6，金属钠 2.786t，硼酸 1.184t，甲醇 3.298t。

25. 硼氢化钾。

收率 86.49%，金属钠 1.972t，硼酸 0.828t，甲醇 2.197t，酒精 0.787t。

26. 硼化铁。

硼酸(99%)2.15～2.40t(硼回收中 60%～70%)，铝镁合金(Al、Mg 分别为 48.0%)0.50～0.60t，铝粉(98%)0.72～0.9t，氯酸钾(99%)0.27～0.29t，铁磷(Fe 65%)0.72～0.80t，铁(Fe 65%)0.41～0.50t，石灰(85% CaO)0.13～0.16t，镁砂 0.15～0.20t，镁砖 0.50～0.70t，燃料油(41800kJ/kg)1.5～2.0t。

27. 硼化钛。

氧化钛(TiO_2)1.1t，氧化硼(B_2O_3)1.2 或碳化硼(B_4C)3.5t，碳素(C)0.9t。

28. 硼化锆。

二氧化锆(97.5%)1.257t，碳化硼(97.5%)0.187t，碳粉(99%)0.32it，氧化硼(98%)0.235t。

附录二
金属硼酸盐差热曲线

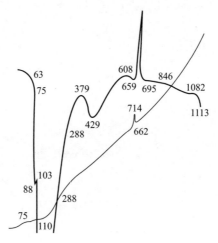

图 1　八硼酸铵钙$(NH_4)_2CaB_8O_{14}\cdot 12H_2O$ 的热谱

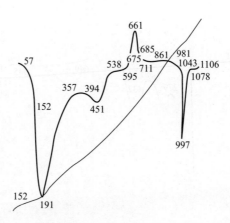

图 2　十二硼酸铵锰$(NH_4)_2MnB_{12}O_{20}\cdot 12H_2O$ 的热谱

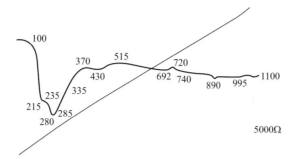

图 3　十二硼酸铵钴$(NH_4)_2CoB_{12}O_{20}\cdot11H_2O$ 的热谱

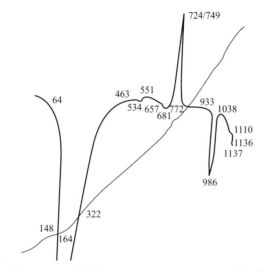

图 4　六硼酸铵镁$(NH_4)_2MgB_6O_{11}\cdot7H_2O$ 的热谱

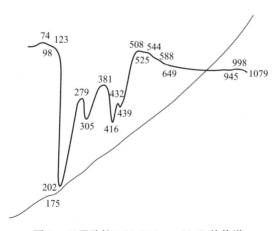

图 5　五硼酸铵 $NH_4B_5O_8\cdot4H_2O$ 的热谱

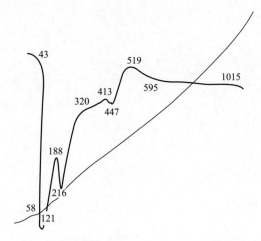

图 6　四硼酸铵（NH₄）₂B₄O₇·4H₂O 的热谱

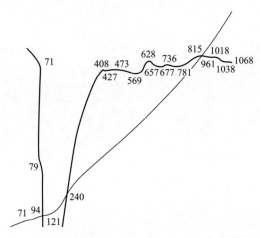

图 7　二硼酸钙 CaB₂O₄·6H₂O 的热谱

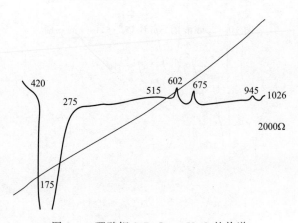

图 8　二硼酸锶 SrB₂O₄·4H₂O 的热谱

　多功能金属硼酸盐合成与应用

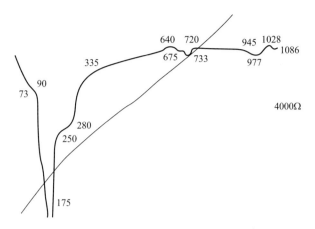

图 9　二硼酸钡 $BaB_2O_4 \cdot 4H_2O$ 的热谱

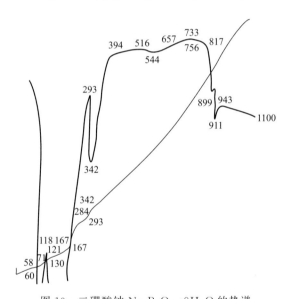

图 10　二硼酸钠 $Na_2B_2O_4 \cdot 8H_2O$ 的热谱

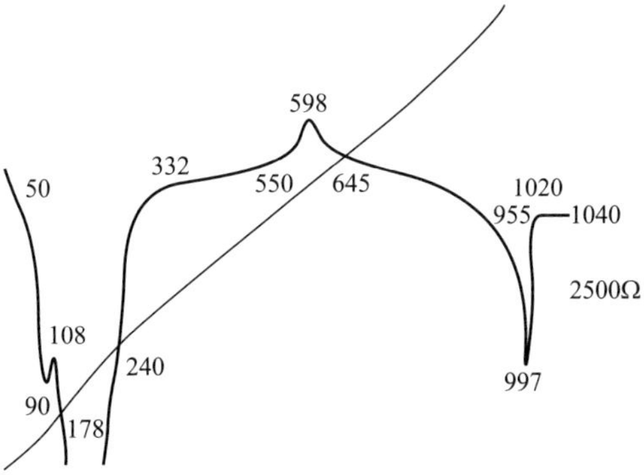

图 11　四硼酸锰 $MnB_4O_7 \cdot 9H_2O$ 的热谱

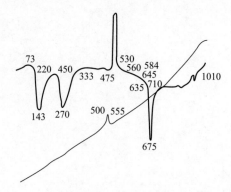

图 12　四硼酸银 $Ag_2B_4O_7 \cdot 2.5H_2O$ 的热谱

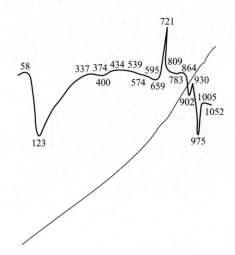

图 13　四硼酸锶 $SrB_4O_7 \cdot 5H_2O$ 的热谱

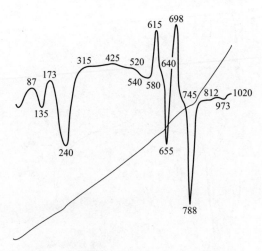

图 14　四硼酸铅 $PbB_4O_7 \cdot 4H_2O$ 的热谱

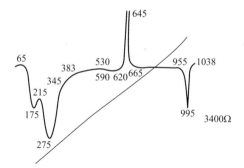

图 15　六硼酸锰 $MnB_6O_{10} \cdot 8H_2O$ 的热谱

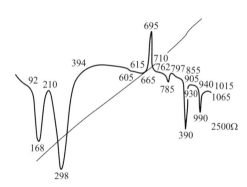

图 16　六硼酸钴 $CoB_6O_{10} \cdot 8H_2O$ 的热谱

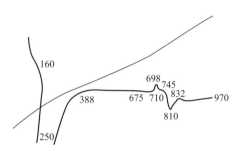

图 17　六硼酸镍 $NiB_6O_{10} \cdot 8H_2O$ 的热谱

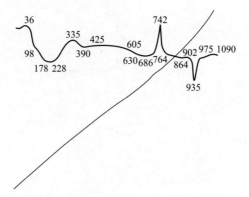

图 18　六硼酸锶 $SrB_6O_{10} \cdot 5H_2O$ 的热谱

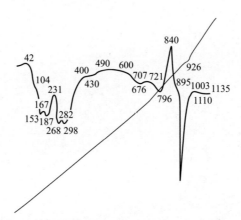

图 19　六硼酸钙 $CaB_6O_{10} \cdot 5H_2O$ 的热谱

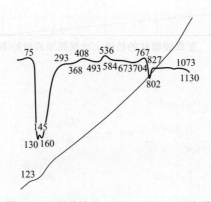

图 20　五硼酸钠 $NaB_5O_8 \cdot 5H_2O$ 的热谱

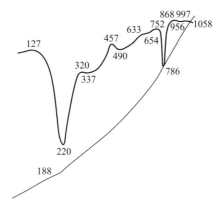

图 21 五硼酸钾 $KB_5O_8 \cdot 4H_2O$ 的热谱

表 1　在含铵的硼酸盐类的热谱上出现热效应时的温度　单位：℃

名称	吸热效应				放热效应	
	I	II	III	IV	I	II
$(NH_4)_2CaB_8O_{14} \cdot 12H_2O$	75～88	103～110	379～429	1081～1113	662～695	—
$(NH_4)_2MnB_{12}O_{20} \cdot 11H_2O$	—	152～191	394～451	981～997	595～661	—
$(NH_4)_2CoB_{12}O_{20} \cdot 11H_2O$	100～215	235～280	420～430	890～995	692～720	—
$(NH_4)_2MgB_6O_{11} \cdot 7H_2O$	64～169	—	—	—	724～749	—
$NH_4B_5O_8 \cdot 4H_2O$	123～202	279～305	381～416	432～439	—	—
$(NH_4)_2B_4O_7 \cdot 4H_2O$	43～121	188～216	—	413～447	—	—

表 2　在二硼酸盐的热谱上出现热效应时的温度　单位：℃

名称	吸热效应					放热效应	
	I	II	III	IV	V	I	II
$CaB_2O_4 \cdot 6H_2O$	71～79	80～121	—	1038～1068	—	569～628	—
$SrB_2O_4 \cdot 4H_2O$	—	120～130	140～175	945～975	—	(很小几近于无)	675
$BaB_2O_4 \cdot 4H_2O$	73～90	90～175	250～280	675～700	945～977	602(很小)	—
$Na_2B_2O_4 \cdot 8H_2O$	60～71	118～130	293～342	817～899	899～911	640(极小)	—

表 3　在四硼酸盐的热谱上出现热效应时的温度　单位：℃

名称	吸热效应				放热效应	
	I	II	III	IV	I	II
$MnB_4O_7 \cdot 9H_2O$	50～90	108～178	240	955～997	550～598	—
$Ag_2B_4O_7 \cdot 2.5H_2O$	73～143	250～270	645～675	950～997	475～500	—
$SrB_4O_7 \cdot 5H_2O$	58～123	—	814～902	930～975	659～721	—
$PbB_4O_7 \cdot 4H_2O$	87～135	173～240	640～655	745～788	580～615	655～698
$CdB_4O_7 \cdot 5H_2O$	95～143	143～178	190～245	984～1028	688～700	—

表 4　在六硼酸盐的热谱上出现热效应时的温度　　　　　单位：℃

名称	吸热效应					放热效应	
	I	II	III	IV	V	I	II
$MnB_6O_{10} \cdot 8H_2O$	65～175	215～275	—	—	—	955～995	620～645
$CoB_6O_{10} \cdot 8H_2O$	92～168	210～298	762～775	855～890	—	940～990	665～690
$NiB_6O_{10} \cdot 8H_2O$	160～250	—	—	745～810	—	—	675～698
$SrB_6O_{10} \cdot 5H_2O$	30～178	320～390	420～445	890～925	—	—	725～795
$CaB_6O_{10} \cdot 5H_2O$	42～104	104～153	167～187	231～268	282～298	895～926	790～840

参考文献

［1］ Roy M. Boron，metallo-boron compounds and boranes［J］.1964，87(15)：3535-3536.

［2］ ［苏］克山 A. 硼酸盐在水溶液中的合成及其研究. 成思危译，北京，科学出版社，1962.

［3］ ［德］乔治•勃劳尔. 无机制备化学手册，何泽人译. 北京，化学工业出版社，1959.

［4］ 化工部天津化工研究院标准化室. 无机产品国外标准文集. 北京：技术标准出版社，1980.

［5］ 陶连印，郑学家. 硼化合物的生产与应用. 成都：成都科技大学出版社，1985：195-209.

［6］ 董世华. 元素硼化物化学//元素有机化学，北京：科学出版社，1965：2，201.

［7］ 郑学家. 硼化合物生产应用. 北京：化学工业出版社，2009.

［8］ 全跃. 硼及硼产品开发及应用前景. 大连：大连理工大学出版社，2008：57.

［9］ 王树华. 氟化工的安全技术和环境保护. 北京：化学工业出版社，2005.

［10］ 李武. 无机晶须. 北京：化学工业出版社，2005：75-95.

［11］ 徐克勋. 辽宁化工产品大全. 沈阳：辽宁科技出版社，1994：66-71.

［12］ ［苏］波任 E. 无机盐工艺学. 北京：化学工业出版社，2010.

［13］ 周公度. 化学辞典. 北京：化学工业出版社，2004：227.

［14］ 宁桂玲，倪坤. 我国硼精细化工现状与展望前景//硼铁矿加工. 北京：化学工业出版社，2009：
267-273.

［15］ 刘海霞，张良，张金保. 氟硼酸钾生产新工艺，河北化工，30(12)：54-56.